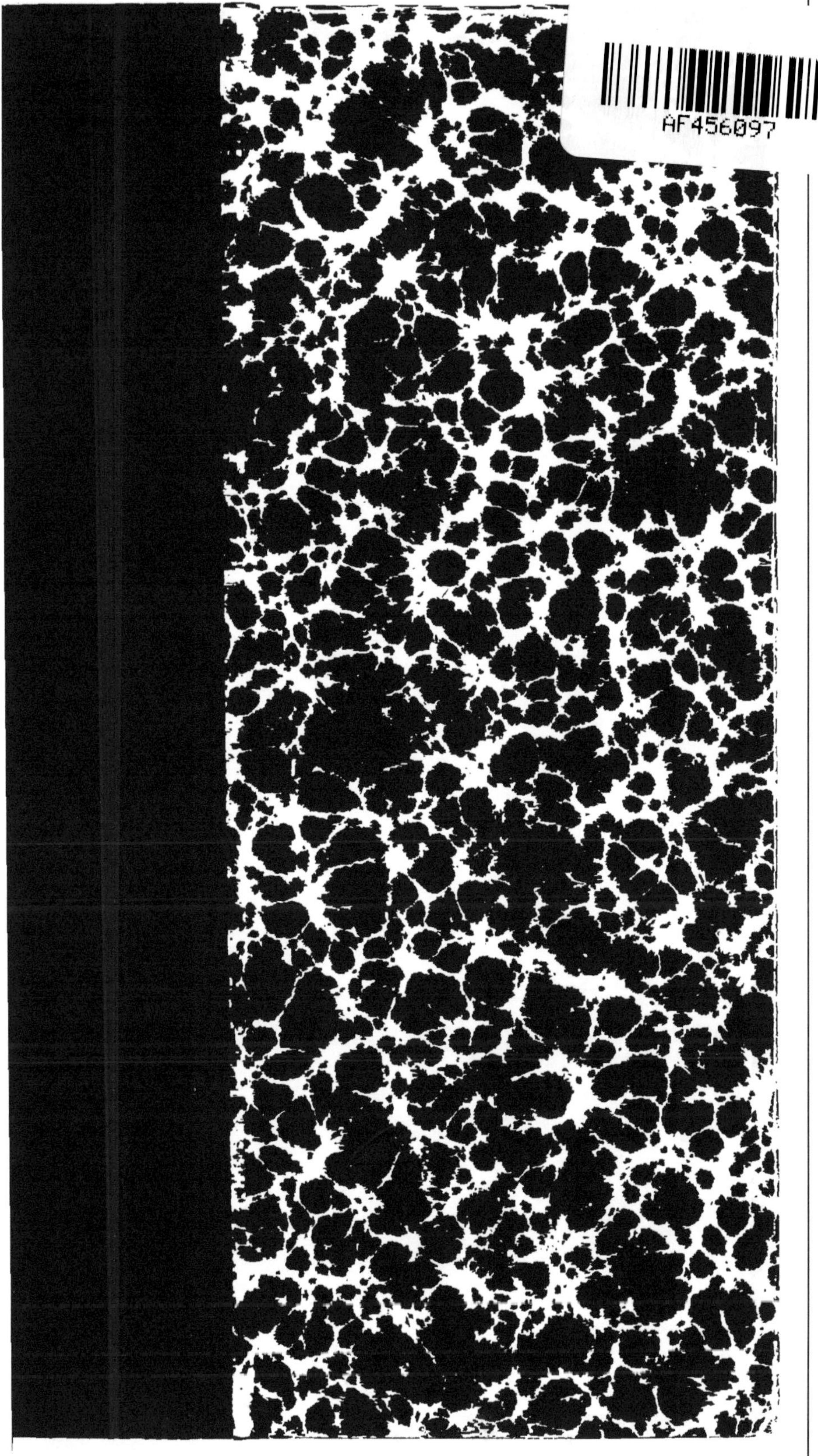

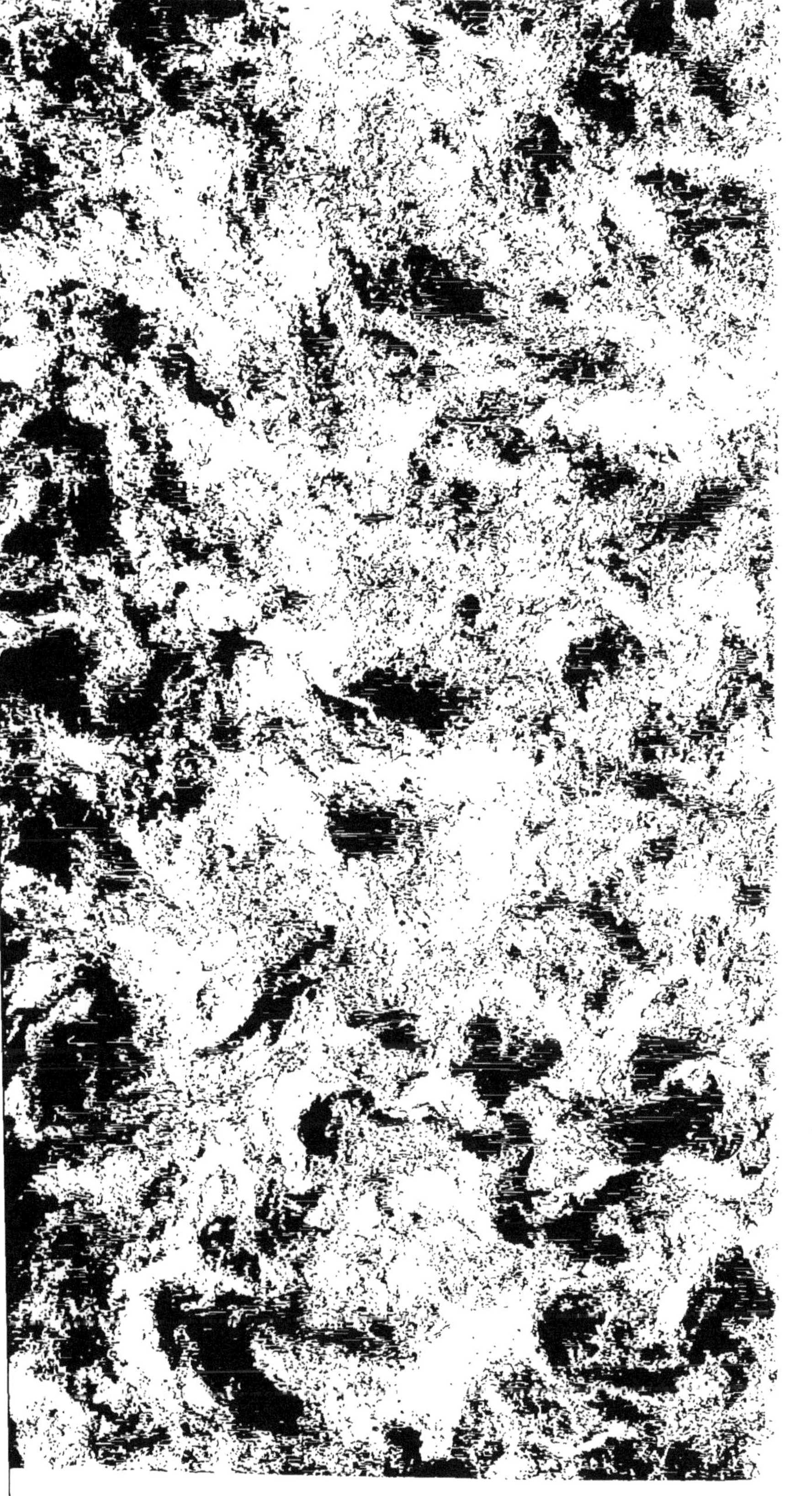

R. [illegible]

TRAITÉS
DE PHYSIQUE, D'HISTOIRE NATURELLE, DE MINERALOGIE ET DE MÉTALLURGIE.

TOME SECOND.

TRAITÉ
DE LA FORMATION
DES METAUX,
ET DE LEURS MATRICES OU MINIERES :

Ouvrage fondé sur les principes de la Physique & de la Minéralogie, & confirmé par des Expériences Chymiques.

Par M. JEAN-GOTLOB LEHMANN, Docteur en Médecine, Conseiller des Mines du Roi de Prusse, de l'Académie Royale des Sciences de Berlin, & de celle des Sciences utiles de Mayence.

Traduit de l'Allemand.

TOME SECOND.

A PARIS,

Chez JEAN-THOMAS HÉRISSANT, rue S. Jacques, à S. Paul & à S. Hilaire.

M. DCC. LIX.

Avec Approbation & Privilége du Roi.

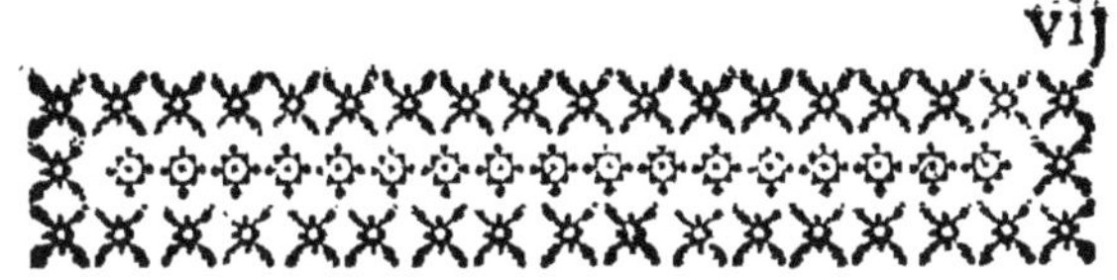

PRÉFACE DE L'AUTEUR.

LA Nature met du myſtère dans toutes ſes opérations, & il eſt très-difficile de les imiter ; la maniere ſur-tout dont elle agit pour produire des corps dans le ſein de la terre, eſt de tous ſes ſecrets le plus impénétrable. Malgré les obſtacles qu'elle nous oppoſe, un Phyſicien doit s'efforcer à ſuivre ſes traces, autant qu'il eſt en lui. Voilà ce que je me ſuis propoſé dans l'Ouvrage que je publie. J'ai pris pour guide dans mon travail la Diſſertation en forme de Thèse Académique, que feu M. Hoffmann, Assesseur du Conseil des Mines de Freyberg, fit paroître à Leipsick en 1738. Je ne connois personne qui ait traité en particulier cette matiere avant lui. En effet, quoique feu M. Stahl dans son *Specimen Becherianum*, M. Neumann dans sa Chymie pharmaceutique, & M. Henckel dans plusieurs de ses écrits, en aient fait mention, aucun d'eux n'a examiné les Métaux & leurs matrices en particulier. Ce sujet est néanmoins très-important dans l'Histoire naturelle, & il y a lieu de croire que jamais on ne parviendra à connoître la façon dont les mines & les métaux se forment dans le ſein de la terre, ſi l'on ne ſe fait auparavant une idée juſte de la nature des ſubſtances qui ſont propres à minéraliſer les métaux. Je me ſuis donc propoſé d'en donner quelques notions abrégées à ceux qui s'occupent de l'Hiſtoire naturelle du régne minéral. Je ne me flatte point d'obtenir l'approbation de tous les Sçavans ; leurs idées & leurs principes s'accordent trop rarement. Je me conſolerai donc avec Juvénal, en diſant :

Tres mihi convivæ propè diſſentire videntur,
Poſcentes vario multùm diverſa palato.

& je m'eſtimerai heureux, ſi parmi les choſes que je dirai il s'en rencontre quelques-unes qui ne paroiſſent pas entiérement inutiles. De nos jours la Chymie a été pouſſée aſſez loin, & nous lui devons des expériences qui démontrent clairement des vérités que l'on ne prenoit autrefois que pour de ſimples conjectures : mais les expériences auxquelles on apporte les plus grandes précautions, n'ont pas toujours le même ſuccès, & ſouvent les opérations que l'on fait en petit ne réuſſiſſent point en grand ; on ne laiſſe pas que d'en tirer des conſéquences applicables aux travaux en grand.

Parmi les Auteurs qui ſe ſont occupés de la matiere dont nous allons traiter, dans les tems qui nous ont précédés, Paracelſe a beaucoup écrit ſur les principes ou ſur les parties élémentaires des corps, ſur la nature des choſes, ſur la ſéparation des élémens ; mais ſi on vouloit dans ſes écrits ſéparer ce qui eſt utile de ce qui eſt ridicule, il n'y reſteroit que très peu de choſe. On peut en dire autant de la ſeconde Partie de Baſile Valentin, cet évangile des Alchymiſtes. Iſaac le Hollandois s'eſt expliqué d'une maniere un peu plus ſenſée ; ſeulement il eſt fâcheux que la plûpart de ces Auteurs n'aient eu en vûe que la chryſopée ou la pierre philoſophale, & qu'ils ſe ſoient étudiés à obſcurcir & embrouiller la matiere.

Kunckel, ce Chymiſte laborieux & infatigable, a été plus loin qu'eux tous ; mais il eſt encore aſſervi à un grand nombre de préjugés.

Ceux qui font exploiter des mines, ne s'embarraſſent guères de rechercher la maniere dont elles ſe forment, ils ſe contentent d'en avoir ; mais une négligence pareille ſeroit impardonnable à un Phyſicien. Cependant il ſeroit bon que les premiers ſçuſſent que les connoiſſances de ce genre influent conſidérablement dans les travaux de la Minéralogie & dans ceux de la Métallurgie ; l'expérience journaliere prouve que c'eſt de la connoiſſance des roches ou gangues dans leſquelles les mines ſe trouvent, que dépendent les variétés que l'on remarque dans les fondans, & les mêlanges qu'on emploie pour la fuſion. Il ſeroit donc bien à ſouhaiter que l'on fît ſur les mines & ſur les métaux des expériences auſſi variées & auſſi bien fondées que celles que le célebre M. Pott a faites ſur les terres & les pierres; cela nous tireroit de l'incertitude où nous ſommes par rapport à bien des choſes. Mais il y a lieu de croire que ces travaux, & les découvertes qui en réſultent, ſont réſervés à la poſtérité.

A Berlin, le 5 d'Août 1752.

AVIS
DU TRADUCTEUR.

IL y a dans l'Original Allemand de cet Ouvrage, deux Planches qui représentent différens morceaux de mines que l'Auteur décrit dans son Livre. Comme on a trouvé qu'elles étoient peu propres à donner une idée nette des corps qu'elles représentent, on les a regardées comme inutiles, & on les a supprimées. En effet, parmi les corps du régne minéral la gravûre ne peut rendre parfaitement que ceux qui ont une figure très-distincte, comme les crystallisations & les pétrifications, mais elle ne donne qu'une idée fort imparfaite de ceux qui ne se présentent point sous une forme très-décidée & très-remarquable ; d'ailleurs elle ne rend jamais les couleurs.

TABLE
DES SECTIONS
Contenues dans le Tome second.

TRAITÉ

TRAITÉ DE LA FORMATION DES MÉTAUX ET DE LEURS MATRICES OU MINIERES.

Divitibus plumbî qui venis intus abundat,
Inque brevî ſpatio, quæ ſunt effoſſa reponit,
Tempus in exhauſti ſervans alimenta metalli.

Fabricius, in Itin. Patav. p. 44. de Monte Feſulano.

INTRODUCTION.

LA Nature eſt ſi variée dans ſes productions, elle employe tant de voies ſecrettes dans ſes opérations, qu'il eſt ſouvent très-difficile de pénétrer ſes myſteres. Nous ignorons & la maniere dont elle compose les corps, & les principes qu'elle fait entrer dans leur composition ; cela ne doit point empêcher un Naturaliste de faire ses efforts pour du moins se mettre en état de former des raisonnemens & des conjectures sur la probabilité de ces choses. Je ne m'arrêterai point à démontrer ce que je viens d'avancer, persuadé que personne ne me le contestera. Je vais donc entrer en matiere, & dans le dessein où je suis de traiter d'une partie de Minéralogie & de la Métallurgie, rappeller à mes Lecteurs l'obscurité & l'ignorance qui regne dans cette branche de l'Histoire Naturelle. C'est par la vûe seule que nous distinguons presque toutes les substances minérales ; en allant plus loin nous parvenons à connoitre ce qu'elles contiennent ; si nous poussons encore nos recherches, la Chymie nous fournira différentes expériences qui nous éclaireront quelquefois ; mais qui souvent ne produiront que des doutes & n'augmenteront que nos incertitudes. La Nature s'est efforcée de dérober à nos yeux cette partie de ſes tréſors en la plaçant à une ſi grande profondeur qu'elle nous ſeroit encore beaucoup plus inconnue ſi l'ardeur que les hommes ont pour l'or & l'argent ne les avoit portés à deſcendre dans les entrailles de la terre, & à s'y enſevelir, pour ainſi dire, tout vivans pour en tirer ces deux métaux qui ſont l'objet de leur déſir. Diſons donc avec le Poëte :

Auri ſacra fames quid non mortalia cogis
Pectora ?

ou avec Ovide :

. . . . . *Itum eſt in viſcera terræ,*
Quaſque recondiderat Stygiiſque admoverat umbris,
Effodiuntur opes, irritamenta malorum.
. . . .
. . . . . *& amor ſceleratus habendi.*

Malgré cette ſoif des richeſſes, le nombre des perſonnes qui s'appliquent à la connoiſſance des tréſors que la terre renferme dans ſon ſein, eſt très-borné ; il y en a pluſieurs raisons ; bien des personnes manquent d'occasions pour pouvoir descendre eux-mêmes dans les atteliers souterreins de la nature, & sont obligés de se contenter des morceaux qu'on leur apporte pour orner leurs cabinets, celles-là sont à plaindre de ne pouvoir satisfaire leur goût. D'autres qui ont ces occasions, trouvent qu'il est trop pénible d'en profiter; le danger qu'il y a à s'enfoncer de plusieurs centaines de toises sous terre les effraye, & l'on peut leur appliquer l'adage qui dit : *Mater timidi flere non solet : La mere d'un poltron n'est pas sujette à verser des larmes.* Il est encore une espéce d'hommes qu'on peut regarder comme les ennemis les plus dangereux de l'Histoire Naturelle ; ceux-ci contens de vaines spéculations, croiroient se déshonorer s'ils se mêloient avec des gens aussi grossiers & aussi abjects que les ouvriers des mines ; & s'ils s'avilissoient jusqu'à converser avec eux, ils s'imagineroient que ce seroit un tems précieux qu'ils auroient ou perdu, ou mal employé. Sans nous arrêter à détruire ces préjugés, tâchons de ſuivre la nature dans ſes retraites les plus cachées, & voyons ſi nous pourrons lui arracher quelques-uns de ſes ſecrets. La Minéralogie eſt une ſcience trop étendue pour qu'on puiſſe enviſager d'un coup d'œil toutes ſes parties, nous nous contenterons donc d'en examiner une ſeule, & de mettre ſous les yeux des Lecteurs les obſervations & les expériences qui ont rapport aux matrices ou minieres des métaux. Pluſieurs Sçavans parmi les Anciens & les Modernes, ont dit quelque choſe ſur cette matiere ; de ce nombre ſont Agricola, Kœnig, Aldrovandi, Johannes Solca, autrement dit Elias Montanus, dont l'ouvrage a été publié ſous le titre de *Seconde Partie de Baſile Valentin*, comme l'a prouvé M. Stahl dans ſes remarques ſur le Traité de Métallique de Bécher. Mais je ne connois perſonne qui ait écrit de cette matiere en particulier avant l'Ouvrage qui parut à Leipſick en 1738, ſous le titre *de Matricibus metallorum*, dont l'Auteur eſt feu M. Jean-George Hoffmann, Aſſeſſeur du Conſeil des Mines à Freyberg, & enſuite Directeur général des Mines des Royaumes de Naples & de Sicile. Cet ouvrage intéreſſant étant devenu extrêmement rare, on ne trouvera point mauvais ſi je m'aſſujettis au même ordre, & ſi je donne ici la traduction des paſſages les plus importans que j'accompagnerai de mes remarques & de mes propres expériences, & je me flatte qu'on ne ſçaura point mauvais gré de continuer à bâtir ſur des fondemens déja très-bien établis. Ainſi, ſans m'arrêter davantage, je vais entrer en matiere, & avant que de traiter des matrices des métaux, je vais parler en peu de mots des métaux même, & de leur formation dans le ſein de la terre.

SECTION PREMIERE.

Des Métaux, & de leur formation.

JE ne m'arrêterai point à examiner en Grammairien les différentes ſignifications qu'on a attachées au mot *Métal*, ni à rechercher quelle en peut être l'étymologie ; ces choſes ſont connues, & ſe trouvent dans les Dictionnaires ; il ſuffit de ſçavoir que les Anciens ont ainſi appellé différentes ſubſtances minérales, telles que des pierres & des terres, & même aujourd'hui on ſe ſert du même terme pour déſigner des alliages produits par l'art ou par la Chymie ; c'eſt ainſi qu'on dit du *métal du Prince Robert*, &c. Virgile ſe ſert du mot générique de *métal* pour déſigner l'or, & Pontanus a dit :

Aurique metallum,
Vulnificuſque chalybs vaſtâ fornace liqueſcit.

En un mot, on a ſouvent pris le

mot *métal* dans un ſens impropre; examinons donc ſi nous pourrons déterminer quelles ſont les ſubſtances à qui l'on doit donner ce nom.

Je définis un métal *un corps formé dans la terre, & qui en a été enſuite tiré; il eſt compact, opaque, produit par la combinaiſon de parties ſalines, vitreſcibles & inflammables; quoiqu'il ait la propriété d'entrer en fuſion au feu, il ne s'y décompoſe point facilement; après la fuſion il eſt plus ou moins ductile, peſant & ſonore.* Tant qu'on a eu la ſimplicité de croire aux influences des aſtres, on s'eſt imaginé qu'on ne pouvoit ſe diſpenſer de faire honneur d'un des métaux à chacune des ſept Planétes; conſéquemment il falloit de toute néceſſité qu'il y en eût ſept, & comme on ne put point trouver ce nombre de métaux fixes au feu, le mercure eut le bonheur d'être aſſocié aux ſix autres. Cependant il n'y en a proprement que ſix qui méritent ce nom; c'eſt l'or, l'argent, le cuivre, le fer, l'étain & le plomb. Voici les raiſons qu'on a d'exclure le mercure;

ſa peſanteur, ſon éclat & ſa formation dans le ſein de la terre ſemblent lui donner en quelque façon le droit d'être regardé comme un métal, mais il n'a ni la conſiſtence, ni la dureté, ni la fixité au feu, ni la ductilité ; d'où il eſt aiſé de conclure que ce n'eſt pas un vrai métal. On demandera peut-être dans quel rang on doit le placer. Si le mercure n'eſt point un métal ; l'on ne peut pas non plus le mettre au nombre des demi-métaux, & j'avoue que j'aimerois mieux lui donner place parmi les métaux que parmi ces dernieres ſubſtances ; le mercure eſt, ſelon moi, la ſubſtance qui approche le plus des vrais métaux, & il me ſemble que pour devenir réellement un métal, il ne lui manque que l'addition d'une terre vitreſcible & plus graſſe qui ſoit intimement combinée avec lui ; mais comme il ſeroit très-difficile de découvrir une terre de cette nature qui fût propre à s'unir avec une ſubſtance ſubtile & volatile, on eſt dans l'uſage de regarder le mercure comme un métal mitoyen, dont la pureté ſurpaſſe celle des autres demi-métaux compoſés des mêmes principes, & qui par conſéquent approche beaucoup des métaux parfaits, mais à qui il manque pourtant encore beaucoup de propriétés eſſentielles pour être regardé comme un métal parfait. Cela poſé, Bécher n'a point tout-à-fait tort de prétendre, comme il fait à la page 31 de ſon *ABC minéral*, que l'arſénic eſt un mercure qui a pris de la dureté & de la conſiſtence par le ſoufre ſalin du ſel commun ; dans les préparations ſéches & concrétes que la Chymie fait avec le mercure, telles que ſont le ſublimé corroſif, le mercure précipité, &c, on voit que par l'addition des ſels on lui ôte pour un tems ſa forme métallique, ou plutôt par l'union avec ces ſels il eſt diviſé en particules ſi déliées, que nous ne le voyons plus ſous ſa forme fluide qu'avec le ſecours des microſcopes qui, lorſqu'ils groſſiſſent ſuffiſamment les objets, font voir, ſur-tout dans le précipité rouge, le mercure vif ſous la forme de petits globules. L'on doit auſſi rapporter à ce qui vient d'être dit la ſublimation du cinnabre ; car dans cette opération le mercure, outre un ſel acide, eſt encore uni à une terre inflammable très-ſubtile, que Boyle définit ; *Crama in penetralibus terræ ex ſpiritibus vitriolatis & ſubſtantiâ quâdam combuſtibili conflatum*. Auſſitôt qu'on joint une ſubſtance de cette nature au mercure, il forme un corps ſolide, & il n'eſt pas douteux qu'il ne devînt plus fixe, ſi à cette union extérieure il ſe joignoit encore une combinaiſon intérieure & intime, & une *appropriation*, telle qu'eſt celle que nous remarquons dans la formation de la mine d'argent rouge par l'union de l'argent & de l'arſénic ; c'eſt ce dont j'aurai occaſion de parler plus au long par la ſuite, & je confirmerai ce que j'avancerai par des expériences. Cependant pluſieurs eſſais nous prouvent qu'il eſt poſſible, ſinon du tout, du moins d'une partie de mercure, d'en faire du métal parfait, c'eſt ce que ſemble prouver l'expérience de M. Henckel dans ſes *Opuſcules minéralogiques*, où il dit qu'en précipitant le mercure qui a été mis en diſſolution dans de l'eau-forte avec des excrémens humains deſſéchés, ſi on vient à paſſer ce mercure à la coupelle, on obtient une portion d'argent aſſez conſidérable. Dans cette opération, par la précipitation il s'eſt uni de l'acide du ſel marin & une terre inflammable avec le mercure. Je ne cite cet exemple que pour faire voir ce qui manque au mercure pour devenir un métal parfait. Le même Henckel rapporte une expérience de la même eſpéce dans ſon *Flora ſaturnizans*; il dit qu'en préparant le mercure d'une autre façon avec de l'argent, il a obtenu un bouton d'or à la coupelle. Le célebre M. Marggraf parle d'un phénomène ſemblable dans les *Miſcellanea Berolinenſia* de l'année 1740, il s'opere en précipitant le mercure par le moyen de l'acide du phoſphore. Ce qui vient d'être dit montre pourquoi le mercure a tant de diſpoſition à s'unir avec l'arſénic; l'expérience ſuivante le prouve auſſi. Si on unit parties égales de mercure purifié

& d'arsénic crystallin par une longue trituration, & si on fait sublimer ce mêlange, il restera toujours au fond du vaisseau une terre d'un gris de cendre, qui appliquée sur du cuivre chaud, le blanchira à la surface. Il paroît que dans cette expérience l'arsénic n'est point la seule chose qui soit restée, puisque si on unit de nouveau par la trituration ce qui a été sublimé, avec la petite portion de mercure coulant qui est passé dans le récipient, & qu'on remette ce mêlange à sublimer, il se dépose de plus en plus de la matiere grise au fond de la retorte, & même en réitérant plusieurs fois l'opération, le mêlange y restera tout entier. Quoique ce travail soit fort long, & n'ait point une utilité marquée, il ne laisse pas de servir de preuve à ce que j'ai dit jusqu'ici. En effet, si nous faisons attention à ce qui a été dit, que l'arsénic n'est qu'un mercure coagulé, on verra aisément pourquoi ces deux substances ont tant de facilité à s'unir. Et qu'aura-t-on à me dire, si j'assure qu'en employant certaines manipulations on peut faire entrer le mercure en fusion à l'aide du borax; quoique dans cette opération la plus grande partie du mercure soit dissipée, on ne laisse pas d'obtenir une portion d'argent assez sensible. L'arsénic contient une grande quantité d'acide du sel marin, qui peut aisément volatiliser sa petite portion de mercure & de terre métallique, parce qu'à cause de la petitesse de son poids elle ne peut résister à l'action d'un être plus fort & qui est en plus grande abondance; si en y joignant du mercure on y ajoute une plus grande portion de terre métallique, il sera facile de concevoir la raison pourquoi le mêlange devient plus fixe & plus difficile à volatiliser. S'il se trouvoit donc une terre vitrescible, assez déliée pour pouvoir s'adapter à ces deux substances subtiles, je ne doute point qu'elles ne fussent rendues entiérement fixes & capables de résister au feu. En un mot, le mercure est un métal qui n'est point fort éloigné de sa perfection, & sa partie métallique est assez parfaite, il ne lui manque qu'une portion plus grande des parties qui pourroient le garantir contre l'action du feu, & contre la disposition qu'il a à se décomposer, c'est-dire, qu'il lui manque la terre vitrescible & un sel fixe. Mais en voilà assez sur les raisons qui empêchent de mettre le mercure au rang des métaux : je ne parle ici que du mercure coulant ordinaire, car pour ce que l'on nomme le *mercure des Philosophes*, c'est un être si obscur que je ne prétens point en parler, non plus que du *mercure des métaux* que la Chymie sçait en tirer, & qui ne differe presque en rien du mercure ordinaire lorsqu'il a été parfaitement purifié.

On demandera peut-être avec raison si les métaux que nous appellons actuellement parfaits, le sont réellement, ou s'ils se perfectionnent peu-à-peu : ou, pour parler plus clairement, si les métaux se changent les uns dans les autres dans le sein de la terre. C'est à dessein que je dis dans le sein de la terre, car pour douter que l'art ne puiſſe produire un pareil changement, il faudroit refuſer toute créance à l'Hiſtoire; mais ce n'eſt point-là ce dont il s'agit quant à préſent. L'opinion de ceux qui croient que les métaux ſe perfectionnent dans l'intérieur de la terre, n'a point encore été entiérement rejettée par les Naturaliſtes modernes, il s'en trouve même aujourd'hui qui penſent que dans pluſieurs montagnes l'argent ſe change en or, le fer en cuivre, le cuivre en argent, &c; mais ce ſentiment n'eſt pas fondé. Parce qu'il y a des mines de cuivre plus riches en argent les unes que les autres, quoique d'ailleurs elles ſe reſſemblent parfaitement à l'extérieur, bien des gens ont imaginé que cela ſe faiſoit par la *maturation* du cuivre qui par-là devenoit de l'argent; mais pour peu qu'on faſſe attention à la façon dont les métaux ſe forment, on verra qu'une mine de cuivre déja perfectionnée, ou mûrie par la nature, peut encore être ſuſceptible de recevoir des vapeurs ou exhalaiſons (*inhalationes*

& *adhalationes*) d'argent qui aura été décompofé ou mis en diffolution; mais plus la pierre métallique ou mine fera chargée de cuivre, comme on le voit dans la mine de cuivre vitreufe, moins il y aura de place pour recevoir l'argent. En effet, les terres & pierres qui font difpofées à concevoir les métaux, en reçoivent autant qu'il peut s'en loger dans leurs furfaces, tant intérieures qu'extérieures; lorfqu'elles en font remplies, ou il n'y a plus de place ni dedans, ni dehors, ou bien il fe fait au-dedans d'elles une efpéce de deftruction ou de décompofition, & une fubftance chaffe l'autre de la retraite qu'elle avoit occupée jufques-là : à l'égard des fubftances métalliques qui fe font attachées à l'extérieur, elles font alors expofées à une décompofition plus prompte, parce que leur arfénic ou la vapeur diffolvante & volatile qui les a mifes en diffolution, & qui les a portées fur la pierre ou matrice, eft obligée de demeurer unie avec elles, & par conféquent elle continue à agir fur elles, elle les remet peu-à-peu en dissolution, parce qu'elle ne peut point s'émousser sur la pierre ou miniere, & parce que le métal qui s'est attaché extérieurement, ne peut point se tenir étroitement lié aux parties terreuses de la pierre, ni y rester à couvert de l'action du dissolvant. Il en est de même du cuivre, qui, suivant l'opinion du vulgaire, est formé par le fer dans les eaux cémentatoires, mais qui, comme on en est actuellement suffisamment convaincu, n'est qu'une précipitation du cuivre contenu dans des eaux vitrioliques, qui est opérée par le moyen du fer. En effet, c'est un principe constant que tous les métaux sont déja tout formés, mais ils sont peu-à-peu mis en dissolution; une partie est portée par les vapeurs ou exhalaisons minérales sur d'autres corps solides, par le moyen des parties arsénicales volatiles qui s'y joignent dans la dissolution; une autre partie est entraînée par les eaux souterreines, & c'est par ce moyen que les métaux se trouvent dans des endroits où ils n'étoient point auparavant, ſans que l'un de ces métaux faſſe prendre ſa nature à l'autre, comme nous le ferons voir plus loin. Quand je dis que les métaux ſont déja formés, je ne prétends pas inſinuer qu'ils ſoient déja dans l'état qui leur eſt propre, je veux dire ſeulement que leurs parties élémentaires ſont actuellement préſentes ou formées, & que pour les mettre dans leur état métallique, il ne manque plus que la réunion de ces parties.

Continuons maintenant nos recherches ſur les ſubſtances qui ſe forment dans le ſein de la terre, & que l'art des hommes en tire. On peut les diviſer en trois claſſes. Celle des *métaux*, celle des *minéraux* & celle des *foſſiles*. J'ai déja fait voir dans ma définition ce qui mérite d'être appellé *métal*. Il faut auſſi déterminer ce qu'on doit appeller *minéraux*; on met dans ce nombre des corps qui ont pluſieurs propriétés communes avec les métaux, telles que la peſanteur, la dureté, l'opacité, &c. mais qui dans le feu produisent des effets tout différens. Les sels, le soufre, l'arsénic, le bitume sont de cette espéce, & les analyses chymiques prouvent que la plûpart des métaux ont été formés par la combinaison de ces minéraux; la troisieme classe qui est celle des fossiles, fournit la matrice dans laquelle la nature a coutume d'opérer la génération des métaux. Sous le nom de *fossiles* on comprend ordinairement les espéces de terres, de pierres, &c. Ces trois substances ne different point infiniment les unes des autres, & même on les trouve inséparablement unies. Mais quand je dis que les métaux sont formés par la composition des minéraux dans de certaines proportions, on ne me taxera pas de croire que la nature emploie pour cela un soufre tel que celui qui se débite dans les boutiques, ou un sel chargé de parties grossieres, ou une terre composée de plusieurs parties de différente nature; ce n'est point-là ce que j'ai voulu dire, & nous trouvons que la nature se sert pour cela des parties les plus déliées. Je ne puis me diſpenſer de faire obſerver ici qu'on ne laiſſe pas que de ſe tromper dans l'application des trois dénominations de *métaux*, de *foſſiles* & de *minéraux*, lorſqu'on les confond, ou quand on les emploie l'une pour l'autre ; ſouvent on les trouve improprement appliquées dans la minéralogie, & alors elles ſont cauſe d'un grand nombre d'erreurs ; le langage des mines qui eſt tout particulier, & ſur-tout les ouvrages obſcurs des Sophiſtes & prétendus Adeptes, ont donné lieu à cette confuſion. Il eſt vrai que pluſieurs foſſiles ont, à quelques égards, des points de conformité avec les métaux, mais ce n'eſt qu'au premier coup d'œil ; en effet, ſi on pouſſe l'examen plus loin, on trouve toujours entre eux une différence très-marquée. Pourſuivons donc un peu cet examen, afin de voir ſi nous pouvons établir cette différence d'après les propriétés principales que nous remarquons dans les métaux. Quant à la ſolidité, il faut avouer qu'elle ſe trouve ſouvent dans les minéraux

& fossiles au même degré, & même plus fortement que dans les métaux; cependant la cause de cette solidité est différente ; les métaux sont solides & compacts, premiérement, parce qu'ils sont composés de particules extrêmement ténues, mais ces parties sont si étroitement liées & si exactement combinées, qu'elles ne peuvent plus être séparées que difficilement, & sans que le nœud qui les unissoit ne soit entiérement détruit. Les fossiles au contraire sont composés, en grande partie, de molécules grossieres & terreuses, qui, à la vérité, sont aussi très-intimement liées, mais cependant moins que celles des métaux. En second lieu, les métaux sont pénétrés par un soufre subtil, capable de résister au feu, qui leur donne la ductilité, & qui empêche qu'ils ne se brisent ou se divisent aussi facilement que les pierres ou terres, qui n'ont qu'une très petite quantité d'un soufre grossier que le moindre feu leur fait abandonner ; au lieu que dans les métaux ce soufre s'atténue de plus en plus, & par-là il les pénetre plus intimement, & il donne de la ductilité à leurs plus petites parties en se combinant avec elles. C'est-là ce que Bécher nomme la *terre grasse* dans son *A B C minéral*, pag. 22. Pour avoir un caractère non équivoque d'un métal, il faut donc que la solidité soit jointe à la ductilité : en effet, les minéraux & fossiles n'ont jamais de ductilité par eux-mêmes ; ils n'ont cette propriété que lorsqu'ils sont joints avec des métaux, ou lorsqu'ils leur sont unis dans le feu, de maniere à faire une étroite liaison avec eux. Par exemple, cela arrive lorsqu'on unit du zinc ou de la calamine avec du cuivre ; dans cet alliage la calamine reçoit une forme métallique, devient ductile & prend les propriétés d'un métal. Mais cet exemple même prouve notre principe ; car d'abord le cuivre devient plus aigre par l'addition de la calamine ; en second lieu, il devient plus poreux, & conséquemment plus cassant ; d'où l'on voit que les fossiles, au nombre desquels il faut mettre la calamine, sont d'un tiſſu beaucoup moins ſerré, ne ſe métalliſent point, ou du moins ne prennent point de propriétés métalliques auſſi aiſément qu'on le penſe, à n'en juger que par l'extérieur.

La non-tranſparence des foſſiles differe auſſi de l'opacité des métaux: il eſt vrai que les uns & les autres ſont opaques; cependant parmi les foſſiles on trouve plus de corps tranſparens que parmi les métaux : on m'oppoſera ici la mine d'argent cornée, la mine d'argent rouge tranſparente, la mine de plomb en cryſtaux verds, &c : mais quelle eſt la nature de ces corps ? Tous trois ſont des métaux qui ont été minéraliſés par l'arſénic, & ſur-tout par l'acide du ſel marin qui eſt joint avec lui; par conſéquent il faut les regarder, non comme des métaux purs, mais comme des minéraux; au lieu que les métaux dans leur état de pureté ſont toujours opaques, parce que les parties dont ils ſont compoſés, ſont beaucoup plus ſolides, plus ténues & conſéquemment beaucoup plus étroitement liées; au contraire, moins

le

le tiſſu des foſſiles & des minéraux eſt ſerré, plus ils donnent de paſſage aux rayons de la lumiere, comme on le voit dans le *glacies Mariæ* ou le talc: on m'objectera peut-être les quartz, les cryſtaux, les pierres précieuſes, &c; mais ſi l'on fait attention que ces corps ne ſont compoſés eux-mêmes que d'une ſimple terre très-déliée, & qu'ils perdent une grande partie de leur tranſparence, auſſi-tôt que dans leur croiſſance & leur formation ils ſont pénétrés de vapeurs métalliques, & qu'ils prennent par-là une toute autre couleur; on verra que ces exemples ne détruiſent point mon ſentiment, puiſque même dans ces cas les métaux l'emportent ſur les foſſiles du côté de l'opacité.

A l'égard de l'éclat, il eſt vrai que ſouvent il eſt auſſi grand dans les minéraux que dans les métaux, & qu'il ne peut conſtituer de différence eſſentielle entre eux; mais auſſi on voit que les minéraux ſont ordinairement redevables de l'éclat qu'ils ont aux parties métalliques avec leſquelles ils ſont mêlés ; c'eſt ainſi que les mines de fer arſénicales appellées *ſchirl* & *wolfram* (*ſpuma lupi*) ont ſouvent autant d'éclat que les cryſtaux d'étain ; cependant qui eſt-ce qui ne voit point ſur le champ que cet éclat métallique vient du fer contenu dans ces minéraux ? Joignez à cela qu'on les trouve non-ſeulement dans les mines d'étain, mais encore dans les mines de fer ; alors on leur donne en Allemand le nom d'*eiſen-graupen*, ou particules ferrugineuſes. Cependant, en général, l'éclat, tant des métaux, que des minéraux & foſſiles, n'eſt qu'accidentel, puiſqu'ils le perdent dans leur décompoſition, ſoit ſimplement par la trituration, ou par la diſſolution. Car nous ne parlons point ici des métaux tirés par la fuſion.

Pour ce qui eſt de la propriété d'être ſonores, il eſt aiſé de concevoir pourquoi ni les minéraux, ni les foſſiles ne le ſont point ; en effet, le ſon n'eſt qu'un mouvement de l'air qui frappe les organes de l'ouïe, mouvement produit par le contact de parties ſolides, déliées & étroitement unies les unes aux autres; or plus ces parties ſont déliées, plus elles ſont étroitement unies, & par conſéquent, plus il y a de parties qui ſe touchent, & plus le ſon eſt aigu; c'eſt ce qu'on peut remarquer ſurtout dans l'argent, dans le verre & dans la porcelaine; mais comme les parties des foſſiles ne ſont pas, à beaucoup près, ſi intimement unies, ni ſi ſubtiles, il faut néceſſairement que le ſon qu'ils donnent ſoit plus foible & plus ſourd. Je ne dois point obmettre de dire ici que plus un corps eſt ſuſceptible de vitrification, moins il eſt ſonore; par exemple, le plomb ſe vitrifie très-aiſément, & ne donne preſque point de ſon, au lieu que le cuivre ſe vitrifie beaucoup plus difficilement, & l'argent encore plus; auſſi ces deux métaux ſont-ils très-ſonores. Il me paroît que voici la raiſon de ce phénomène; il eſt conſtant que la prompte vitrification du plomb vient de ce que ſes parties ſont foiblement unies les unes aux autres, ce qui fait que le feu les pénetre plus promptement, développe leur terre & leur sel, consume leur partie inflammable, & réduit les deux premiers principes en une fusion ténue, ou en verre ; la même chose ne peut point s'opérer si promptement sur le cuivre ou sur l'argent. L'or seul fait ici une exception à la régle ; il n'est que très-peu sonore, cependant il est très-difficile à vitrifier, mais la grande abondance de soufre fixe qui entre dans sa composition, pourroit en être la cause. Ce soufre se trouve aussi dans le plomb & dans l'étain ; mais dans ces deux derniers métaux il est plus grossier & plus volatil ; c'est aussi ce qu'on observe lorsqu'on a mis en cémentation des lames d'un métal avec le soufre, elles perdent par-là la plus grande partie du son qu'elles avoient avant la cémentation, parce que leurs parties ont été trop écartées les unes des autres par le soufre qui les a pénétrées.

A l'égard des couleurs, je suis persuadé que celles du régne minéral ne sont dûes qu'aux métaux. En effet, quelque terre qui se présente à la vûe, aussi-tôt qu'elle a de la couleur, on la trouve plus ou moins métallique : l'*humus* ou la terre des jardins qui est noire, n'en est pas exempte ; tout le monde sçait qu'elle contient un grand nombre de particules ferrugineuses. Lorsque la terre est jaune & argilleuse, elle contient encore plus de fer, c'est ce que prouve la fameuse expérience de Bécher ; on y trouve aussi quelquefois de l'or quoiqu'en très-petite quantité ; propriété qu'on attribue à la terre sigillée de Tokay, dont nous aurons occasion de parler plus loin. Lorsque la terre est verte, c'est une marque qu'elle est cuivreuse ; celle qui est bleue, annonce toujours du fer, au lieu que personne ne trouvera un atome de métal dans la marne blanche, dans la terre à porcelaine, quand elle n'est point mêlée de veines métalliques de différentes couleurs. Ainsi premiérement une terre pure, pour être exempte de parties métalliques, doit être blanche & n'être point trop pesante. En second lieu, toutes les terres de différentes couleurs contiennent plus ou moins de métal, ſuivant que leur compoſition le comporte. Troiſiémement, toutes les couleurs du régne minéral viennent des métaux. Quatriémement, il ſuit de-là que la couleur eſt un des principaux ſignes auxquels on peut reconnoître les métaux. Voilà ce que j'avois à dire ſur la conformité & la diverſité qui ſe trouve entre les métaux, les minéraux & les foſſiles, relativement aux ſignes extérieurs.

La peſanteur eſt un des caractères principaux, auxquels on peut reconnoître les métaux; ils ſurpaſſent en ce point preſque tous les autres corps de la nature, & il ſeroit très-difficile d'en trouver un ſeul qui fût auſſi peſant ſous un même volume; il me ſeroit aiſé de le prouver, mais je ne m'y arrêterai point, d'autant plus que M. Hoffmann dans ſon Traité *de Matricibus Metallorum* cite pluſieurs ouvrages qui en ont parlé, tels que *Freind, Prælectiones Chymicæ*; *Wolf, Elementa Hydroſtatices*; les *Tranſactions Philoſophiques*, & ſur-tout la *Pyritologie* de Henckel. Je me contenterai de dire que M. Hoffmann donne le premier rang à l'or, enſuite viennent le mercure, le plomb, l'argent, le cuivre, le fer; l'étain eſt le plus léger des métaux. Il n'y a pas long-tems que M. Beyer, Greffier des mines, a donné un Traité ſur la maniere de s'aſſûrer de la peſanteur des métaux par le moyen de la balance hydroſtatique, il ſe trouve dans la ſeconde partie de l'Ouvrage Allemand, qu'il a publié ſous le titre d'*Otia metallica*. Il faut avouer que juſqu'à préſent on n'a pas encore inventé d'inſtrument ſûr pour l'examen des corps ſolides, Tout le monde ſçait qu'Archimede a été le premier inventeur des rapports des corps ſolides, eû égard à leur peſanteur dans l'eau; M. Henckel dans ſa *Pyritologie*, que nous venons de citer, nous donne la maniere d'examiner les morceaux de mine par le moyen de l'eau. Et M. Beyer dans ſon Ouvrage indique un calibre, & donne le deſſein d'une balance hydroſtatique. Le principe ſur lequel eſt fondée l'exactitude de cette expérience; consiste en ce que l'air ne peut point presser les corps qui sont sous l'eau, ce qui fait qu'ils n'ont de pesanteur que celle qui leur est propre. Mais les proportions ne sont point toujours les mêmes dans toutes les expériences, cela vient indubitablement des différences qui se trouvent entre les eaux qu'on emploie : en effet, il faudroit sçavoir si l'on s'est toujours servi d'une eau parfaitement dégagée de toutes parties étrangeres, car la moindre chose est capable d'y produire de la différence, quand même les balances hydrostatiques auroient été de la même grandeur, du même poids, & divisées de la même maniere. En effet, en supposant que cette eau contînt un peu de sel, elle sera plus dense, & la balance n'ira point si avant. Il faut donc commencer par bien s'assurer du poids de l'eau, & quand on remarque qu'elle n'est point assez homogène ; si l'on est pressé, & qu'on ne puisse s'en procurer d'autre, il faudra soustraire le poids qu'elle aura de trop, comme on fait pour le grain de plomb dans lès essais. Il est encore constant que les métaux souffrent de l'altération à l'air, & qu'ils y augmentent en poids; il est donc à propos de se servir d'un nouveau morceau de métal pour chaque expérience, c'est ce qu'il faudra surtout observer pour l'argent, pour le cuivre & le fer, parce que ces métaux ne sortent jamais de l'eau sans y avoir perdu quelque chose; son acide vitriolique agit très-promptement sur eux, les dissout peu-à-peu, & rend le corps total plus léger. Il n'est point douteux qu'une eau distillée bien pure ne fût la meilleure pour ces expériences; cependant elles ne sônt point les seules qui nous fassent connoître si une pierre contient quelque chose de métallique, ou quelle est la pesanteur spécifique d'un métal.

Le feu nous donne aussi des lumieres là-dessus, & même celles qu'il donne sont plus certaines que celles de l'eau : en effet, comme les métaux & pierres métalliques, ou minieres, ont particuliérement la propriété de se fondre avec facilité, il est juste qu'un Naturaliste ait recours à cette épreuve. Les métaux se fondent, c'est-à-dire, qu'ils sont dilatés par les particules élastiques du feu qui les pénetrent, que la forte liaison de leurs parties est détruite, & qu'ils deviennent fluides. Ce qui vient d'être dit, ne peut être mieux démontré que par la connoissance du feu. Le sçavant M. Pott dans la premiere partie de sa *Lithogéognosie*, & M. Charles Frideric Zimmermann * dans son *Académie minéralogique de la haute Saxe, pag.* 181. ont donné une description très-exacte des effets du feu sur les métaux; il est donc question de sçavoir d'abord ce que c'est que le feu; en second lieu, il

* M. Zimmermann étoit un des plus habiles disciples de M. Henckel, il a publié plusieurs de ses Ouvrages sous le titre d'*Opuscules minéralogiques* de M. Henckel, & il y avoit joint ses remarques. Sa mort a privé les Naturalistes de beaucoup de bons ouvrages qu'ils avoient lieu d'en attendre. L'Ouvrage cité par M. Lehmann n'est point achevé.

faut connoître la composition des métaux. Il est certain que le feu est produit en grande partie par le mouvement élastique de particules acides, très-subtiles & extrêmement développées; au contraire, les métaux sont composés d'une terre vitrescible, d'une substance inflammable grasse, & de parties salines très-atténuées & très-volatiles. Si nous considérons les effets du feu sur les métaux, nous trouverons que le feu, ou plutôt l'acide qu'il contient, ouvre la terre du métal en raison de la force que les acides ont pour agir sur les terres pures; ensuite cet acide se joint à celui qui est déja dans les métaux, par-là il acquiert plus de force pour agir, & cette force dure d'autant plus long-tems, qu'il y a une plus grande quantité de parties grasses & inflammables dans le métal. Ce qu'on vient de dire fait voir la raison pourquoi quelques métaux ont plus de peine à entrer en fusion que d'autres. La raison pour laquelle le fer est le plus long-tems à se fondre, c'est que sa terre est très-grossiere,

& qu'elle fait la plus grande partie du volume de ce métal, tandis qu'il y a beaucoup moins des deux autres principes ; mais auſſi-tôt qu'on vient à lui en ajouter, comme cela arrive dans la préparation du régule d'antimoine par le fer, la fuſion devient plus prompte & plus parfaite, parce que dans cette opération le fer reçoit une terre graſſe & un acide volatil. Le cuivre a ſuffiſamment d'acide, mais trop peu de terre fixe, qui ſe réduit en une cendre quand l'acide a été trop dégagé par un feu trop violent ; il n'eſt point aiſé de remettre cette cendre ou chaux dans l'état métallique, ſans y joindre une certaine ſubſtance arſénicale. En un mot, ſon acide s'échauffe trop promptement, & comme ſon action n'eſt point affoiblie à un certain point par une quantité de terre ſuffiſante, il détruit les autres parties du métal. Nous avons une preuve que cela vient de l'acide, & que c'eſt lui qui enleve aux métaux leur état métallique & leur malléabilité dans la préparation du cuivre blanc par le moyen de l'arſénic ; cet alliage rend le cuivre aigre & caſſant, parce qu'on lui a joint l'acide ſalin de l'arſénic ; mais ſi on affoiblit cet acide par une quantité d'une terre convenable, en obſervant certaines manipulations, ce cuivre blanc conſervera encore une partie de ſa ductilité. C'eſt pour la même raiſon que le cuivre ne ſe calcine point ſi promptement quand on lui donne un feu rapide, parce qu'alors tout ſe met en fuſion à la fois, & ſa terre eſt dilatée en même tems que ſon acide eſt dégagé.

L'argent dont les parties ſont combinées dans une plus juſte proportion, eſt plus difficile à fondre ; il faut que tout le corps rougiſſe & ſoit pénétré par le feu, avant que d'entrer en fuſion, c'eſt-à-dire, il faut que ſes parties les plus déliées ſoient intimement pénétrées par l'acide du feu. Comme elles ſont plus fixes que celles des autres métaux, elles réſiſtent plus fortement à leur déſunion, ce qui doit néceſſairement produire la difficulté à ſe fondre.

Il en eſt de même de l'or qui ſe fond encore plus difficilement, parce que toutes ſes parties ſont plus fixes, réſiſtent plus à l'action du feu, ſont plus ſubtiles, & par conſéquent plus étroitement liées les unes aux autres. Ce métal a plus de principes terreſtres fins, purs & ſulfureux, &, ſuivant les apparences, moins de parties ſalines; c'eſt pourquoi ſa fuſion eſt facilitée conſidérablement lorſqu'on lui joint un ſel pur, tel que le borax ou le nitre. L'étain & le plomb, dans leſquels le principe gras & inflammable domine, fondent avant que de rougir, parce que ce principe des métaux eſt abſolument néceſſaire pour la fuſion, & plus il s'y trouve abondamment, plus ils ont de diſpoſition à ſe fondre. Auſſi nous voyons que pour le traitement des mines qui ſont chargées de beaucoup de terre groſſiere, on ne peut point ſe paſſer d'y joindre de l'acide, ce qui procure de très-grands avantages. Cela nous fait voir la raiſon pourquoi dans les fonderies on ſe ſert des pyrites & d'autres ſubſtances qu'on emploie comme fondans; cela ſe pratique, ſoit parce que ces ſubſtances fourniſſent plus d'acide aux mines, & ſecondent par-là l'action du feu, telle eſt la pyrite; ſoit parce qu'elles lui fourniſſent une terre qui ſe fond aiſément, qui ſe vitrifie & qui fait une ſcorie, tel eſt le quartz qui produit une ſcorie liquide qui en ſurnageant au métal, le couvre & l'empêche d'être entiérement détruit par l'action du feu. En un mot, le feu eſt ici le diſſolvant le meilleur & le plus ordinaire; il ne détruit point le métal quand il lui eſt appliqué convenablement; il n'en eſt pas de même du feu du ſoleil, lorſqu'il eſt recueilli au moyen d'un miroir ardent; ce feu exige d'autant plus d'attention, qu'il a des effets plus rapides & qu'il eſt plus violent. On ſçait que dans cette expérience la cauſe qui agit ſont les rayons du ſoleil qui ſont réunis dans un même point; ce feu eſt le même que le feu ordinaire, mais celui du ſoleil eſt plus ſubtil & plus pénétrant, ce qui fait que l'effet en eſt plus fort & plus rapide. Ces rayons entrent ſi vivement & en ſi grande quantité dans les métaux les plus fixes, que non-ſeulement ils ſe fondent & ſe vitrifient en très-peu de tems, mais encore ils ſe volatiliſent entiérement. On peut voir dans les Mémoires de l'Académie Royale des Sciences de Paris des années 1706, 1707, & 1709, que l'or lui-même traité de cette façon, répand beaucoup de fumée, & perd peu-à-peu juſqu'à un dixieme de ſon poids. Henckel dans ſon *Flora ſaturnizans* rapporte pluſieurs autres expériences ſemblables, faites à l'aide du miroir ardent. On en trouve auſſi dans le *Magaſin de Hambourg* *, qui eſt rempli de tant d'obſervations curieuſes, vol. V. partie 3e. pag. 272. auxquelles je renvoye le Lecteur.

* C'eſt le titre d'un Ouvrage périodique écrit en Allemand, dans lequel ſe trouvent un grand nombre de Mémoires très-intéreſſans ſur la Phyſique, l'Hiſtoire Naturelle, la Chymie, &c. Il fut commencé en 1748, & ſe continue juſqu'à préſent. Il en a paru 19 vol. in-8°.

En général, lorſqu'on conſidere les effets étonnans que le feu produit ſur les métaux & ſur les minéraux, on eſt contraint d'avouer qu'il nous manque encore bien des choſes pour parvenir à la connoiſſance du feu, que nous ſommes encore très-éloignés de pouvoir rendre raiſon des différens phénomènes qu'il nous préſente, & de pouvoir expliquer pourquoi il fond un corps, pourquoi il en vitrifie un autre, pourquoi il en change un troiſieme en chaux, pourquoi il en volatiliſe d'autres, & pourquoi il donne une conſiſtence fluide à d'autres. C'eſt à deſſein que je dis que nous ne pouvons point donner d'explications ſuffiſantes de tous ces phénomènes, car quoique nous en connoiſſions pluſieurs, & quoique nous puiſſions en déduire des conjectures probables, cependant ces explications ne ſont point aſſez ſolidement établies pour n'être point renverſées. C'eſt ſur quoi l'on ne peut aſſez donner d'éloges aux travaux de Kunckel qui a fait paſſer preſque tous les corps ſouterreins par l'examen du feu, c'eſt auſſi ce que M. Pott a fait de nos jours ſur les terres & pierres dans ſa *Lithogéognoſie*, ouvrage qui a jetté un très-grand jour ſur une matiere qui juſqu'à ce Chymiſte célebre étoit reſtée dans une très-grande obſcurité.

Les corps qui ſoutiennent un degré de feu convenable ſans ſe volatiliſer par eux-mêmes, montrent par leur fixité qu'ils ſont des métaux, car c'eſt-là ce qu'on entend par *être fixe*. Ainſi par le mot *fixe* j'entends la propriété d'un corps par laquelle il réſiſte à ſa décompoſition ou deſtruction. Les différens mêlanges, les changemens de forme que l'on peut faire prendre à un corps par le moyen de différentes opérations, ne nuiſent donc point à ſa fixité, & il n'eſt point aiſé de dénaturer ou de détruire entiérement un corps. La vitrification des métaux leur fait entiérement changer de forme, mais on peut la leur rendre très aiſément. Il en eſt de même des chaux métalliques. S'il étoit néceſſaire de prouver ce que j'avance, je pourrois citer l'exemple du verre d'un rouge de rubis, qui ſe fait avec l'or, dans la préparation duquel ce métal ſe réduit ordinairement au fond du creuſet, & je pourrois renvoyer le Lecteur au Traité d'Orſchalk qui a pour titre, *Sol ſine veſte* *, dans lequel l'Auteur rapporte trente expériences qu'il a faites pour volatiliſer l'or ſans pouvoir y réuſſir. Je pourrois auſſi renvoyer au *Laboratoire chymique* de Kunckel, dans lequel l'Auteur s'eſt propoſé de chercher la deſtruction totale de preſque tous les métaux. On verroit par ces ouvrages l'impoſſibilité, ou du moins la difficulté de cette entrepriſe ; mais comme ces ouvrages ſont entre les mains de preſque tous les Sçavans, je me diſpenſerai de les copier ici.

Je ne diſconviens pas que les métaux ſont plus fixes les uns que les autres, à proportion de leur perfec-

* Ce Traité ſe trouve à la fin de l'*Art de la Verrerie de Neri*, *Merett & Kunckel*, dont la traduction françoiſe en un volume in-4°. a été imprimée à Paris chez *Durand* & *Piſſot*, en 1752.

tion ; c'eſt ainſi que l'or eſt plus fixe que l'argent, l'argent plus que le cuivre, le cuivre plus que le fer, & dans l'examen du feu c'eſt l'étain & le plomb qui tiennent le dernier rang. M. Hoffman, dans le Traité *de Matricibus Metallorum*, §. 6. dit qu'il ne faut donner à chaque métal que le degré de feu qui lui convient pour entrer en fuſion, & qu'alors on n'aura pas à craindre qu'ils ſe détruiſent ou ſe volatiliſent. C'eſt auſſi ce que prouve l'expérience d'un certain Comte, qui tint du cuivre mêlé avec des cailloux en fuſion au fourneau de verrerie pendant trente mois entiers, comme le rapporte Orſchalk, page 146 de ſon Traité qui a pour titre, *Nouvelle liquation & macération des mines.* Cette expérience montre ſur-tout l'utilité des ſcories vitreuſes, dont j'ai dit en paſſant qu'elles garantiſſoient le métal, & l'empêchoient d'être détruit par l'action du feu, ou du moins d'être réduit en chaux ou en cendre. Dans l'expérience qui vient d'être rapportée, la maſſe de verre qui étoit à la ſurface, a produit cet effet; ensuite l'acide vitriolique du cuivre, dégagé par le feu, a pû s'amortir en s'efforçant d'agir sur la terre des cailloux, ce qui a fait qu'il a épargné sa terre métallique. On voit sur-tout l'avantage des pierres & terres vitrifiables dans le traitement des mines volatiles & *rapaces* *, parce qu'au moyen des scories qui nagent à la partie supérieure, elles ne répandent point tant de fumée, & ne se dissipent point par la cheminée du fourneau. Ce n'est cependant point le caillou seul qui procure cet avantage, toutes les terres simples font la même chose. En effet, de même que les cailloux paroissent être formés par une terre marneuse, & par conséquent par une terre simple, la craie est aussi une seconde espéce de terre simple. Je ne prétends point qu'on m'en croye sur ma parole, je vais donc le prouver par une expérience. Un de mes amis parvint

* On a dit dans le premier Volume, pag. 179. ce que c'est qu'une mine *rapace*.

une fois à combiner une ſubſtance minérale aſſez volatile avec le cuivre, en y joignant une terre ſimple ſemblable. Il fit fondre en ma préſence du cuivre bien pur, dans la vûe de le combiner avec un certain minéral arſénical, ſulfureux & martial; nous le portâmes dans le cuivre fondu, pour voir s'il s'uniroit avec lui; mais nous ne pûmes le faire entrer en fuſion qu'en y joignant un peu d'alcali; alors cette ſubſtance ſe fondit, mais avec peine, & ſans devenir parfaitement fluide; enfin nous vuidâmes le creuſet, le cuivre étoit devenu blanc; ce qui n'étoit pas ſurprenant, attendu que le minéral étoit fort chargé d'arſénic; outre cela il étoit devenu très-caſſant, comme eſt le cuivre blanchi par l'arſénic. Nous prîmes ce cuivre blanc, & nous le remîmes en fuſion avec ſes premieres ſcories, en y joignant un peu d'une terre ſimple; pour lors il y eut beaucoup moins de fumée arſénicale que dans la premiere fuſion; il n'en partit plus d'odeur, le mêlange devint fluide comme de l'eau ; & après avoir vuidé le creuſet, nous eûmes un cuivre d'un jaune auſſi vif que l'or le plus pur, auſſi malléable que le meilleur cuivre jaune, dont il ne différoit que par la beauté de ſa couleur. Je crois que cette expérience prouve ſuffiſamment ce que j'ai avancé. Si les ſubſtances que l'on joint aux métaux, ne ſont point de nature à les garantir de la qualité deſtructive du feu, ſon action les réduit peu-à-peu en chaux, ou bien ils en ſont entiérement détruits. Cela n'arrive cependant point toujours avec la même rapidité : c'eſt le plomb & l'étain qui en éprouvent l'action le plus promptement, le cuivre & le fer y réſiſtent un peu plus long-tems, mais l'or & l'argent y ſont les plus inaltérables.

Toutes les chaux métalliques faites par l'action ſeule du feu ne ſont produites que parce que ſa violence & ſa durée leur enleve leur phlogiſtique ; c'eſt pour cela qu'on leur rend leur forme métallique en leur joignant une nouvelle matiere inflammable ; mais lorſque ces chaux ont été faites par de l'acide ſulfureux ou vitriolique il eſt plus difficile d'en faire la réduction, parce que cet acide a plus de force & eſt plus propre à détruire & volatiliſer : c'eſt auſſi ce qu'on peut voir dans l'acide du ſel marin & dans la lune cornée dans laquelle il entre; au lieu que d'autres chaux métalliques faites par des diſſolvans humides ſont plus aiſées à réduire après qu'elles ont été bien édulcorées. En effet, la plûpart des diſſolvans acides n'agiſſent point ſur les parties ſulfureuſes graſſes, & on ne peut gueres donner le nom de diſſolution à la diviſion ou atténuation des métaux, qui ſe fait dans ces diſſolvans, attendu que la combinaiſon intime de ces corps n'eſt pas détruite, & qu'ils n'y ſont que diviſés en molécules très-déliées, dont chacune a les mêmes propriétés qu'avoit le tout avant ſa diviſion. Le feu au contraire appliqué d'une façon convenable, pénetre juſque dans l'intérieur de ces corps ſolides, il déſunit leurs principes & quelquefois même nous les rend ſenſibles, comme on peut

peut le voir par les pénibles opération de Kunckel. Il est du moins certain que le feu ne rend point fixe ce qui ne l'étoit pas auparavant, & rien n'est plus ridicule que de voir des gens qui parlent dans leurs Ouvrages de la fixation d'un *soufre non mûr*, d'un *mercure non mûr*, &c, dans le feu ordinaire : ils prouvent par-là qu'ils ne connoissent ni la nature du feu ni celle des minéraux. Je ne prétens pourtant pas nier que le feu ne puisse contribuer à perfectionner les métaux ; c'est lui qui leur donne la ductilité, c'est-à-dire, la propriété de s'étendre sans que la liaison de leurs parties soit rompue : mais en cela même ils different considérablement les uns des autres, & ils n'ont point le même degré de ductilité. On sçait à quel degré l'or est ductile par les feuilles minces que l'on fait de ce métal ; il en est de même de l'argent dont les parties sont très-déliées. Le cuivre & le laiton ou cuivre jaune s'étendent assez bien sous le marteau ; mais il n'en est pas de même du fer à cause de la grossiereté de ſes parties, & même on peut remarquer qu'il eſt plus diſpoſé à s'étendre en longueur qu'en largeur, comme on le voit dans les fils qu'on en fait. L'étain & le plomb ſont à la vérité flexibles & s'étendent ſous le marteau, mais ce n'eſt pas au même point que les métaux précédens. Les métaux qui ont été alliés par l'Art quand ils ſe ſont bien combinés par la fuſion deviennent plus ductiles, comme on peut le voir dans le cuivre jaune, le tombac, le métal du Prince, le cuivre blanc; cependant ils ſont toujours plus aigres que les métaux purs.

Si l'on veut ſçavoir comment les métaux acquierent de la ductilité, le meilleur moyen de s'en inſtruire eſt d'entrer dans les fonderies; on verra que ce qui ſe ſépare des mines les plus riches quand on les fond, eſt une terre groſſiere vitrifiable qui ſe réduit en ſcories & dont l'abondance trop grande cauſe l'aigreur des métaux. Cette aigreur vient auſſi quelquefois de la trop grande quantité de matiere inflammable que le feu conſomme pareillement; pour lors le métal qui reſte eſt ductile. Ce qui vient d'être dit nous fait juger de ce qui eſt néceſſaire pour rendre un métal ductile, & l'on voit qu'il faut pour cela qu'il ſoit compoſé de parties pures & déliées qui ſoient unies dans de juſtes proportions; car s'il y avoit une trop grande quantité de l'un ou de l'autre il perdroit ſa ductilité; ſi, par exemple, il avoit trop de parties vitreſcibles eu égard aux parties métalliques, il ſeroit aigre & caſſant; s'il avoit trop de matiere inflammable il ne ſeroit point aſſez fixe au feu. On voit par-là pourquoi il arrive ſouvent qu'un métal en rend un autre caſſant. Un atome d'étain ſuffit pour rendre caſſant l'or dans la combinaiſon des parties duquel la Nature a obſervé les plus exactes proportions; cela vient de l'arſénic qui eſt caché dans l'étain. Le fer devient aigre pour peu qu'on en approche du cuivre de trop près dans la forge des ſerruriers; cela vient ſans doute de l'acide vitriolique contenu dans le cuivre qui eſt dégagé par le feu & qui s'unit au fer dont la terre métallique eſt par-là attaquée & privée de ſa liaiſon. Si on ne peut concevoir comment ce phénomene s'opere, il n'y a qu'à conſidérer combien les parties qui compoſent un métal ſont déliées, & que chacune de ces parties a les propriétés du tout ; il eſt vrai qu'elles ſe touchent les unes les autres, ſans quoi il n'y auroit point de liaiſon, cependant on apperçoit toujours entre elles de petits interſtices qui ſont plus ou moins grands ſuivant la nature du métal dans lequel ils ſe trouvent. Pour s'aſſurer de ce que je dis on n'a qu'à regarder au microſcope une feuille d'or, & on la trouvera percée d'une infinité de petits trous. Swedenborg a prouvé la même choſe du fer & de l'acier dans ſes *Opera mineralia de ferro, pag.* 271 & 274, & en a donné la repréſentation dans les planches 31 & 32. M. Hoffmann dans le Traité que nous avons déja cité, prouve que ces particules ſont très-déliées, ce qui ſe voit ſur-tout dans la diſſolution par la voie humide; c'eſt pour cela que l'examen des métaux dans les diſſolvans nous donne beaucoup de lumieres, & nous apprend à les connoître; je ne puis donc me dispenser de m'arrêter sur cette matiere.

Dissoudre un corps c'est diviser sa masse totale en particules extrêmement fines, les unir intimement avec le dissolvant, & même quelquefois dans de certaines occasions les réduire à leurs principes élémentaires. Il y a deux manieres d'opérer la dissolution, c'est par la voie humide & par la voie seche. La premiere se fait soit par le moyen de l'air; soit par des menstrues ou aqueux, ou huileux, ou aqueux huileux & spiritueux. La seconde se fait par le feu. Il faut observer en général que dans toutes les dissolutions il faut supposer qu'il y a une certaine *affinité* ou analogie entre le dissolvant & le corps à dissoudre, c'est-à-dire, le corps à dissoudre doit être composé de parties propres à s'unir avec le menstrue ou dissolvant, ou du moins en contenir; il faut ensuite que le corps à dissoudre soit d'un tissu que le dissolvant puisse pénétrer. Il faut outre cela qu'il y ait de la proportion dans le poids entre le corps à diſſoudre & le diſſolvant. Il eſt encore à propos d'obſerver que pour que la diſſolution ſe faſſe on ne peut ſe paſſer du concours de l'air, & avoir avoir égard au degré de chaleur ou de froid que l'on emploie dans cette opération. La diſſolution par la voie humide ſe fait comme on a déja remarqué, premierement à l'air. L'expérience journaliere prouve ſuffiſamment à quel point il agit même ſur les ſubſtances métalliques qui ſont les ſeules dont il ſoit queſtion dans cet Ouvrage. En effet, ſi nous conſidérons les métaux comme tels, nous trouvons que tous, à l'exception de l'or ſeul, ſe décompoſent à l'air, il les attaque par la partie qui eſt la plus aiſée à diſſoudre, c'eſt-à-dire, par leur partie ſaline; c'eſt pour cela que nous voyons que l'argent, le cuivre, le fer & le plomb ſont peu-à-peu rongés par l'air & ſe couvrent à l'extérieur d'un enduit de différentes couleurs. Le plomb expoſé à l'air donne une eſpece de ſel ou de ſucre de Saturne. L'étain réſiſte plus long-tems aux impressions de l'air, mais il y prend différentes couleurs; j'attribue cette propriété qu'il a de résister à l'air, à la partie arsénicale avec laquelle il est encore joint, parce que tous deux combinés acquierent un degré de fixité qui empêche que l'air n'agisse sur eux. L'air a plus de force pour agir sur les minéraux, comme nous le prouvent les efflorescences d'un grand nombre de mines auxquelles celles qui contiennent une grande quantité de sels sont les plus sujettes, c'est ce qu'on observe sur-tout dans les pyrites vitrioliques que l'air met très-promptement en dissolution. Les mines d'argent rouge, l'argent natif, &c, sont sujettes aux mêmes inconvéniens, au grand regret de ceux qui font des collections de mines. Voici un fait sur la mine d'argent vitreuse dont je crois devoir faire part au Lecteur. On tira en 1747 à Oberschœna près de Freyberg de la mine appellée *la bénédiction inespérée de Dieu*, une mine d'argent noire très-riche, dont le quintal donnoit 103 à 113 marcs d'argent; elle étoit répandue sur de la mine d'argent vitreuse très-bonne, sa couleur, sa richesse & d'autres expériences prouvoient que ce n'étoit qu'une mine d'argent vitreuse tombée en efflorescence, dont l'acide sulfureux avoit été étendu & mis en action par le contact de l'air. Ce qu'il y avoit de plus remarquable c'est que lorsque cette substance devenoit humide elle se couvroit d'un enduit vitriolique d'un bleu verdâtre; ce qui prouve clairement que l'air avoit déja commencé à agir sur la partie métallique de l'argent. * Ces efflorescences arrivent encore plus fréquemment aux mines de cuivre, comme on peut s'en assurer non-seulement par leur décomposition à l'air, mais encore par la couleur d'azur que l'on remarque sur les morceaux de mines lorsque la roche ou gangue est pleine de gersures ou de fentes, ou quand

* Cela ne prouveroit-il pas plutôt que cette mine contenoit du cuivre aussi bien que de l'argent, qui seul ne donne point ni du bleu ni du verd.

ces mines ont été quelque tems exposées à l'air. C'est aussi l'air qui fait perdre leur éclat aux mines de plomb, les cubes dont elles sont composées se détachent lorsque ces mines ont été tirées des souterreins où elles ont été formées, pour être mises en plein air. Les mines de fer se soutiennent un peu plus ; cependant on y remarque au bout d'un certain tems les effets de l'impression de l'air. Les mines d'étain sont celles qui résistent le plus longtems à l'air, aussi bien que le métal qu'on en retire.

Il n'est point de mon sujet de parler ici des effets que l'air produit sur les autres substances minérales. Au reste, tout le monde connoît les enduits qui se forment sur le cobalt & le bismuth, & les efflorescences vitrioliques & alumineuses que l'on trouve sur les charbons de terre & sur quelques terres : je ne m'y arrêterai donc point ici où il n'est question que des métaux ; il suffit que j'aie prouvé qu'il ne peut point se faire de dissolution, ni par la voie ſeche ni par la voie humide, ſans le concours de l'air.

L'air agit dans la diſſolution humide parce qu'il tient toujours le diſſolvant dans un mouvement qui, ſuivant les circonſtances, eſt ou violent ou foible. Plus ce mouvement eſt violent, plus la diſſolution eſt rapide; c'eſt pour cela que nous voyons que lorſqu'un menſtrue eſt mis en action par la chaleur ou l'ébullition, il agit plus fortement ſur les corps, parce que ſes parties ſont plus échauffées & plus atténuées par le mouvement, & ont par conſéquent plus de force pour pénétrer dans le corps à diſſoudre, ce qui détruit peu-à-peu la liaiſon de ſes parties ſolides & les rend à la fin plus déliées que celles du diſſolvant, car ſans cela elles ne pourroient point y nâger. Au reſte, il ſeroit trop long de rappeller ici tous les différens moyens de diſſoudre les corps, ce ſeroit faire une Chymie preſque entiere. Il ſuffit de dire que les métaux demandent pour être mis en diſſolution des ſels qui ſuivant leurs différences doivent être ou acides, ou alcalins, ou qui ſoient encore ſous une forme ſolide & concréte, tels que les fondans dont on ſe ſe ſert dans le traitement des mines.

Le feu nous fournit le moyen de diſſoudre les corps par la voie ſeche; c'eſt lui qui développe tous les corps & les met dans l'état le plus pur, il les diviſe & il eſt plus efficace même que les diſſolvans humides les plus violens. J'ai déja fait remarquer plus haut en peu de mots la maniere dont le feu agit ſur les métaux, & nous aurons encore occaſion d'en dire quelque choſe: j'ajouterai ſeulement ici que c'eſt par le feu, quand il eſt dirigé convenablement, que nous parvenons à voir les parties ſolitaires des corps & ſur-tout des métaux; mais quand elles ſont une fois pénétrées par le feu & intimement combinées avec lui, ou il les détruit entierement, ou bien il nous les préſente ſous une forme toute nouvelle; c'eſt ce qui n'arrive point dans les diſſolutions par la voie humide, où l'on précipite le métal ſous ſa forme ordinaire. Il reste encore un moyen de dissoudre les métaux, c'est par l'amalgame, c'est-à-dire, en les combinant avec le mercure. Mais cette dissolution est la même que celle qui s'opere par la voie humide, car elle ne fait que diviser & atténuer le métal à l'aide du mercure, qui a la propriété de pénétrer tous les métaux, à l'exception du fer; c'est pour cela que les métaux reparoissent sous leur forme naturelle aussi-tôt que le mercure a été dissipé.

Par ce qui vient d'être dit on voit évidemment comment il arrive qu'un métal mis en dissolution pénétre tant de milliers de parties d'un autre corps fluide & peut lui communiquer quelque portion de sa substance. Mais en voilà assez sur cette maniere de faire l'examen des métaux; ceux qui voudront de plus grands détails n'auront qu'à consulter les *Opuscules minéralogiques* de Henckel; la *Description des Eaux de Pyrmont* par M. Seip, pages 73 & 156; l'*Enchiridion chymic. & physic.* de Rodolph-Jean-Fréderic Schmidt, imprimé à

Jena en 1739, in-8°; le *Laboratoire chymique* de Kunckel, aux pages 666 jusqu'à 686; *la Main des Philosophes* par Isaac le Hollandois; & d'autres Ouvrages de Chymie. Plusieurs Chymistes ont été plus loin, & ont même volatilisé les métaux au moyen de ces dissolutions; ces expériences ont réussi à Kunckel sur tous les métaux. Cassius l'a essayé sur l'or; & Orschalk parle dans son *Sol sine veste*, expérience 19, de l'esprit fumant de Cassius qu'il enseigne à faire avec un amalgame de mercure & d'étain & du mercure sublimé, & il prétend que par son moyen on peut faire passer l'or à la distillation. Je n'ai point encore eu occasion de vérifier par moi-même cette maniere de volatiliser l'or, mais des personnes dignes de foi m'ont assuré l'avoir tenté sans succès. En général, il paroît que Cassius étoit fort crédule, ou bien qu'il s'est diverti à en induire d'autres en erreur. Il en est de même de l'expérience prétendue dont M. Hoffmann parle au §. VIII. de l'Ouvrage que nous avons déja cité: il y est dit, contre toute apparence de probabilité, qu'une diſſolution d'or très-volatile ayant été verſée dans un pot où étoit un pied de roſier, il produiſit des roſes remplies de petites veines d'or. Cela me paroît tout-à-fait impoſſible. 1° On prétend que la diſſolution d'or étoit *volatile*, dans ce cas elle ſe ſeroit échappée par le tiſſu ſpongieux du roſier, & auroit entraîné l'or avec elle ; ou bien, 2° le diſſolvant ſe ſeroit évaporé tout ſeul, & auroit laiſſé en arriere l'or qui eſt une ſubſtance métallique plus peſante ; 3° pour que l'or eût été aſſez ſubtil & aſſez volatil pour s'élever dans les tuyaux qui ſervent à conduire la ſéve, il faudroit qu'il eût été dénaturé & tellement détruit, que l'on n'eût plus été en état de le reconnoître ; dans ce cas, comment auroit-il pû monter avec la ſéve & ſe montrer dans les feuilles de roſes ? Je crois donc que l'or dont il s'agit, étoit de la même eſpéce que celui que nous voyons dans l'automne ſur les feuilles de tous les arbres. On peut voir un plus grand détail là-dessus dans le *Flora saturnizans* de Henckel. En un mot, la chose est entiérement impossible, & il faut que Cassius se soit abusé bien grossiérement. Kunckel a mieux réussi pour la volatilisation de l'or, comme on peut le voir dans son *Laboratoire chymique*, où l'on trouvera aussi des méthodes plus sûres pour celle des autres métaux.

Cependant je m'écarte trop de mon sujet, & après avoir parcouru les propriétés des métaux, il faut nécessairement considérer leurs principes ; c'est sur quoi roulera la seconde Section.

SECTION II.

NOUS ferons uſage ici des idées de Bécher, & nous admettrons avec cet Auteur trois principes conſtituans de tous les métaux. La terre qui eſt le premier; la partie inflammable ou le phlogiſtique, qui eſt le ſecond; & la partie mercurielle qui eſt le troiſieme. Nous allons examiner ſéparément chacun de ces principes.

La terre eſt un corps ſimple qui par lui-même eſt fixe au feu, ſec & ſolide, quoiqu'on puiſſe le diviſer; il eſt dépourvû d'odeur & de ſaveur, & rien ne peut le diſſoudre intimement. Ce ſeroit trop m'écarter de mon ſujet que de parler ici de toutes les différentes eſpéces de terres, d'entrer dans le détail de leurs effets avec d'autres ſubſtances, & de rapporter les différentes diviſions que les Auteurs en ont données. Il ſuffira d'indiquer quelques Ouvrages qu'on pourra consulter, tels que l'ouvrage excellent de M. Ludwig *de Terris Musæi Regii Dresdensis*, page 38; *la Lithogéognosie* de M. Pott; *la Minéralogie* de Wallerius; *les Opuscules minéralogiques* de Henckel; le *Systema minerale* de M. Woltersdorff, &c. Ces Naturalistes ont donné des divisions des terres conformes à leurs vûes. M. Ludwig a donné dans son Ouvrage une division qui jette un grand jour sur l'histoire naturelle des terres. M. Pott s'est plutôt arrêté aux effets des terres dans le feu; nous ne pouvons nous dispenser de suivre la division de ce dernier Auteur, puisque nous traitons ici des métaux en Chymistes. Ce sçavant Naturaliste divise les terres en quatre classes, sçavoir; les terres calcaires, les terres gypseuses, les terres argilleuses & les terres vitrifiables. On demandera peut-être laquelle de ces terres se trouve dans les métaux purs? Car il ne s'agit point ici des mines. Je réponds à cela que c'est une terre vitrescible; pour s'en convaincre il ne faut que faire attention à la vitrification des métaux au moyen du miroir ardent. Ce qui prouve la présence de la terre dans les métaux, c'est leur solidité, leur fixité dans le feu, la production que l'on peut faire artificiellement d'un métal avec de la terre, enfin la formation très-ordinaire d'un métal qui s'opere dans de la terre toute simple. Pour ce qui est de leur solidité, j'ai déja suffisamment prouvé plus haut que les métaux en sont redevables, aussi bien que de leur fixité, aux parties terreuses ; en effet, le feu trop violent leur fait perdre leur partie inflammable, mais leur terre leur reste toujours, & forme ce que nous appellons *les saffrans* ou *les chaux métalliques*. L'expérience de Bécher par laquelle il a produit du fer, & celle de Henckel qui a produit de l'argent avec la craye, prouvent la production artificielle que l'on peut faire d'un métal avec de la terre. Quant à la premiere expérience, on sçait que la glaise mêlée avec l'huile de lin donne un véritable fer ; sur quoi j'observerai que la même chose se fait avec toute matiere inflammable, comme cela m'eſt arrivé plusieurs fois avec les luts des retortes, dans leſquels j'avois fait entrer du ſang des animaux au lieu d'eau : lorſque la retorte avoit été ſuffiſamment rougie, j'y ai trouvé beaucoup de particules de fer attirables par l'aiman *. Une expérience de cette nature eſt très-propre à faire connoître comment s'opere la formation des métaux *à priori*, attendu qu'on eſt ſûr de la quantité de chaque choſe qu'on y a fait entrer. Et je ne doute point qu'avec le tems l'on ne pût eſpérer de trouver de la même façon un moyen de produire d'autres métaux avec de certaines terres. L'expérience de Henckel rapportée dans ſes *Opuſcules minéralogiques*, par laquelle il a produit de l'argent avec de la craye

* M. Menghini, Chymiſte Italien, a cherché à calculer la quantité de fer contenue dans le ſang des animaux, & il a trouvé que deux onces de la partie rouge du ſang humain donnoient vingt grains d'une cendre attirable par l'aiman. *Voyez l'Encyclopédie à l'article* Fer.

& de l'arſénic, rend ma conjecture très-vraiſemblable. Il imbiba de la craye avec une diſſolution d'une pyrite très-chargée d'arſénic, faite dans de l'eau-forte; il y joignit du plomb, paſſa le tout à la coupelle, & obtint par-là un bouton d'argent aſſez conſidérable. Ne voit-on pas par cette expérience que les métaux ſont compoſés, en grande partie, d'une terre très-ſubtile & ſimple, ce qui mérite bien d'être remarqué? Il faut auſſi ſe rappeller ici ce que j'ai dit plus haut, que les terres ſimples contribuent à rendre ductiles les métaux caſſans. On m'objectera peut-être ſur la ſeconde expérience, que l'argent pouvoit être déja dans la pyrite; mais je puis aſſûrer que la portion d'argent qui y étoit contenue, a été bien exactement déduite du bouton d'argent obtenu par la coupelle, & qu'ainſi le ſurplus ne venoit que de l'acide de l'arſénic combiné avec la terre ſimple de la craye. On peut auſſi ſe rappeller ce que j'ai dit plus haut ſur les terres colorées.

J'ai cité encore comme une preuve

que les métaux ont la diſpoſition à ſe former dans les terres. On en donnera des preuves & des exemples plus loin, lorſque nous traiterons plus particuliérement des matrices des métaux; cependant à cette occaſion je vais dire quelque choſe des *terres d'or* ſi vantées; on en a beaucoup écrit & parlé, on en compte pluſieurs différentes eſpéces ; & lorſqu'on vient à en faire l'eſſai, on n'en tire pas plus d'or que des prétendues pyrites d'or, c'eſt-à-dire, très-peu de choſe, ou même rien du tout. Je ne prétends pas nier qu'il ne puiſſe ſe trouver des terres qui contiennent une portion même aſſez conſidérable d'or, mais comme on ne peut trouver l'or que natif, attendu que même lorſqu'il eſt dans la terre, il eſt déja le plus pur & le plus parfait des métaux, on ne peut comprendre comment il pourroit ſe combiner avec une terre impure, & s'unir ou s'incorporer avec elle ; pour cela il faudroit qu'il fût dans le ſein de la terre dans un état d'immaturité, & que le feu commençât à le mûrir ; vouloir l'imaginer , ce feroit tomber dans les rêveries des prétendus Adeptes qui croient trouver dans toutes les pierres un or *non mûr*, un mercure *non fixé*, & un foufre qui n'eft point *parvenu à terme*. Mais fi cela eft , d'où vient ne le mûriffent-ils pas ? La chofe ne peut pas plus réuffir à l'aide du feu tout feul , que fi on vouloit empêcher un fel de fe diffoudre dans l'eau. Si cela n'eft point, on ne pourra jamais dire avec vérité : *Voilà une mine d'or* ; mais fi l'on veut parler avec exactitude, il faudra dire : *Voilà une pierre , ou une terre , dans laquelle il y a de l'or répandu.* En effet, ce métal eft toujours natif & tout formé dans la pierre qui lui fert de matrice, quoique fouvent il foit dans un état de divifion fi grande, qu'on ne puiffe pas le découvrir , même à l'aide des microfcopes. Ce que je viens de dire eft en faveur de ceux qui ne font point encore décidés fi l'on peut admettre des terres *aurifiques*, & jufqu'à quel degré on peut les admettre. Il y en a beaucoup qu'on fait paſſer pour telles, comme on peut voir dans le *Phyſica ſubterranea* de Bécher, *Lib. I. part. 3. cap. 5. n°* 14. où il n'eſt point tant queſtion des terres ordinaires, que des *guhrs*, ou des petites particules métalliques mêlées avec des particules terreuſes, dont M. Ludwig parle dans ſon Traité *De Terris Muſæi, &c. pag.* 273. On peut voir que l'on donne à de certaines terres aſſez légérement le nom de *terre d'or*; par la terre d'or de Tokay, dont parle avec tant d'emphaſe M. Jean-George Siegeſbeck dans ſes *Annales Phyſici Wratiſlavienſes, anno* 1721. *Novemb. Claſſ. IV. art.* 15. *pag.* 525. Ses prétentions ont été très-bien réfutées par M. Daniel Fiſcher dans un Ouvrage qui a pour titre, *De Terra medicinali Tokayenſi*, imprimé à Breslau en 1732. in-4°. En un mot, de même qu'on peut trouver de l'or natif répandu en particules très-fines dans les pierres, il peut auſſi s'en trouver dans pluſieurs terres. Il n'eſt donc point ſurprenant que l'on retire quelquefois plus d'or du creuſet que l'on n'y en a mis, parce qu'on y a joint des terres de cette espéce, dont l'or a pû se dégager dans la fusion, pour s'unir avec l'autre or qui étoit déja fondu. Il m'est venu dans l'idée que ce qui avoit pû donner le change à Bécher, qui étoit d'ailleurs si clair-voyant, pouvoit être une terre martiale, ou un saffran de Mars formé dans la terre : en effet, je sçais une maniere de mêler si parfaitement une préparation de saffran de Mars avec de l'or; que non-seulement il lui fait prendre une très belle couleur, mais encore il lui conserve sa ductilité, il demeure avec lui sur la coupelle, & même il résiste une fois à l'antimoine; cependant à la fin il se sépare de l'or quand on réitere les fusions : je pourrois décrire cette opération, mais je m'en abstiens par la crainte des abus qui pourroient en résulter. C'est peut-être d'une terre de cette espéce dont Bécher s'est servi pour son expérience, car ces sortes d'erreurs ne sont point rares dans la Chymie. Il m'est tombé entre les mains une terre rouge fort belle, du pays d'Anspach, que

que l'on prétendoit contenir beaucoup d'or, & qui donnoit à l'eau régale une couleur d'or parfaitement belle ; cependant dans toutes les expériences que je fis ſur cette terre, je vis qu'elle ne contenoit que du fer. La même choſe arrive très-ſouvent, ſur-tout lorſque de pareilles ſubſtances tombent entre les mains d'un chercheur d'or ; auſſi-tôt il lui donne un autre nom ; il l'appelle *terre vierge*, *terre adamique*, *terre aſtrale*, *terre ſolaire*, &c, & même *terre d'or*, ſur-tout lorſqu'il eſt queſtion de dupper quelque homme riche, à qui on la fait payer ſi chérement, qu'il n'a pas lieu de s'applaudir de l'or qu'on lui en fait retirer.

Les terres de cette eſpéce ſont très-avantageuſes dans les filons, & on trouve ſouvent qu'elles accompagnent de riches mines, comme le dit le même M. Fiſcher, pages 68, 71, 72, & ſuiv. d'après les obſervations de Degner, Boyle, Morhof, Binger, Bécher & Stahl. Il peut auſſi très-bien ſe faire que quelques terres aient été précédemment une mine métallique qui s'eſt décompoſée par la ſuite, & dans laquelle il n'eſt reſté que des parties métalliques ; c'eſt ainſi que dans les ſouterreins on rencontre ſouvent des endroits où la mine a été détruite par les exhalaiſons minérales, ce qui fait dire aux mineurs, qu'*ils ſont venus trop tard*, comme le remarque tres-bien Lohneis dans ſa *Deſcription des Mines*, page 26. On obtient auſſi une ſcorie terreuſe dans la préparation du cuivre blanc, où on remarque une couleur d'un beau rouge ſemblable à celle du cuivre, quoique ce ne ſoit effectivement qu'une terre vitrifiée par le cuivre & par les fondans que l'on y a ajoutés, qui ont pris le phlogiſtique du cuivre, d'où, comme on ſçait, dépend ſa ductilité & ſa couleur ; c'eſt auſſi pour cela que ce cuivre blanc eſt aigre & caſſant. Sur quoi l'on peut conſulter l'*Académie des Mines de la haute Saxe par M. Zimmermann, premiere Partie*, pag. 57.

Nous avons actuellement à conſidérer le ſecond principe des métaux qui eſt le phlogiſtique, ou la matiere inflammable. Il eſt difficile d'en donner une définition. Il ne me paroît pas à propos de l'appeller avec Bécher ſimplement *une terre*, parce qu'il ne peut y avoir une ſubſtance inflammable ſans un corps terreux, dont elle ſe dégage entiérement, & qui ſe dépoſe par l'action du feu. Lémery lui donne le nom de *ſoufre*, & le décrit une ſubſtance douce, ténue & viſqueuſe, à la page 4 de ſon *Cours de Chymie*. Kunckel dit auſſi dans ſon *Laboratoire chymique*, que c'eſt une matiere onctueuſe, (*materiam unctuoſam*), ſans parler des autres ſentimens.

S'il eſt poſſible de donner une définition du phlogiſtique, ou de la matiere inflammable, on dira que c'eſt *une ſubſtance compoſée de parties graſſes, ſalines & d'une très-petite portion d'une terre ſubtile, qui eſt unie avec la plûpart, & même avec tous les corps de la nature, & qui s'en dégage par le moyen du feu.* J'avoue que je ne ſuis point moi-même entiérement ſatisfait de cette définition, mais au défaut d'une meilleure je prie mes Lecteurs de s'en contenter, jusqu'à ce qu'on ait eu le bonheur d'en rencontrer une plus satisfaisante, & de découvrir la nature de cet être si subtil qui est caché dans les corps. Il suffit pour nos vûes de sçavoir qu'il est dans les métaux, & nous verrons par la suite de quelle utilité & de quelle nécessité il y est. En effet, sans lui les métaux n'auroient point de ductilité, & il seroit impossible de les faire entrer en fusion. M. Hoffmann dans son Traité en allégue huit preuves; que je vais rapporter ici mot pour mot. Il dit que, « 1° Les métaux de la moindre espéce répandent dans le feu une fumée, dont l'odeur est sensible; » quelques-uns pensent qu'elle est » dûe à un mercure, mais le plus » grand nombre croit que c'est le » phlogistique. Les métaux les plus » parfaits, tels que l'or & l'argent, » donnent aussi une semblable fumée, » mais il faut pour cela qu'ils soient » exposés au miroir ardent. 2° Quand » cette fumée est passée, les métaux

» perdent leur nature métallique, » leur ductilité, leur couleur, & se » convertissent en une poudre ou » en une chaux. 3° Quand les mé» taux sont ainsi calcinés, il est très» aisé de les changer en un verre » métallique, soit par le feu ordi» naire, soit à l'aide du miroir ar» dent. 4° Il y en a qui perdent très» peu de leur poids par la calcina» tion, tandis que d'autres en de» viennent plus pesans. 5° Si l'on » mêle ces chaux avec des matieres » grasses animales, ou végétales, en » un mot, avec un nouveau phlo» gistique, tels que la graisse, l'huile, » la poix, des charbons, &c, en les » faisant fondre, elles reprennent » leur forme primitive. 6° Quelques » métaux, sur-tout les imparfaits, » quand on les met dans un creuset » avec du nitre, détonnent avec lui, » ce qui n'arrive que lorsqu'on fait » brûler du nitre avec une substance » inflammable. 7° La limaille fine de » quelques métaux s'allume au feu, » & le cuivre donne une couleur » verte à la flamme. 8° La limaille

» de fer, mise en dissolution dans » l'acide vitriolique, répand des va- » peurs qui s'enflamment comme de » l'esprit-de-vin «. Voilà ce que dit M. Hoffmann.

Toutes ces preuves démontrent non-seulement très-clairement l'existence du phlogistique dans les métaux, mais encore elles jettent beaucoup de jour sur la nature même des métaux. Je vais donc considérer chacune de ces preuves. La premiere est fondée sur la fumée que répandent les métaux. La fumée n'est autre chose qu'un acide atténué & volatilisé par l'action du feu, qui le dégage d'un corps solide; ce qu'on appelle *brûler* n'est donc que le dégagement de l'acide dans le feu. On pensera d'abord que cela vient du soufre ordinaire, parce qu'il contient un acide très-puissant, mais c'est une erreur; car on n'est pas plus autorisé à dire qu'il y a du soufre dans les végétaux que dans les métaux. Le soufre est une substance composée d'acide vitriolique & d'une terre inflammable très-subtile; qui est-ce qui ſera en état de tirer une pareille ſubſtance des métaux ? Cependant tous les métaux font voir conſtamment une matiere inflammable, & elle conſtitue un de leurs principes, c'eſt-à-dire, elle eſt abſolument néceſſaire à leur eſſence, parce que ſans elle ils préſenteroient bien une terre métallique, mais non pas un métal. La fumée des métaux eſt donc un acide, mais cet acide n'eſt point vitriolique ; l'on voit par-là la différence qui ſe trouve entre l'acide du ſoufre ordinaire & cet acide métallique. La terre qui s'éleve avec cet acide, n'eſt point tant une terre inflammable que des particules métalliques atténuées & volatiliſées. C'eſt ce que nous voyons ſur-tout dans la cadmie ou dans l'enduit qui s'attache à l'intérieur des fourneaux, qui eſt un acide, mais très-impur & très-mêlangé. En effet, il y a beaucoup d'acide vitriolique qui vient des pyrites ſulfureuſes qui ont ſervi de fondant dans le traitement des mines ; mais la fumée qui part des métaux purs eſt plus arſénicale, & a par conſéquent plus d'analogie avec l'acide du sel marin. L'existence de la terre métallique qui s'éleve avec cette fumée, se prouve parce qu'on peut la réduire & en tirer un vrai métal, & parce que la cadmie ou l'enduit qui s'attache aux parois des fourneaux, contient du zinc, & par conséquent en a entraîné la terre. C'est aussi de cet acide subtil que vient sa propriété phosphorique ; en effet, suivant Henckel, les effets du phosphore sont dûs à l'acide du sel développé au plus haut degré ; aussi la cadmie phosphorique a de commun avec le phosphore de Balduinus d'être formée d'un acide du sel marin très-atténué, & d'une terre subtile qui y est très-intimement unie, & qui en est entiérement saturée. Dans le phosphore de Balduinus c'est l'acide nitreux & la terre simple de la craie qui en est entiérement pénétrée ; dans la cadmie phosphorique c'est un acide arsénical qui est uni avec une terre de zinc très-subtile & qui s'est volatilisée avec lui. Voyez les *Opuscules minéralog. de*

Henckel. Je ne parle de ceci que pour faire voir que le phlogiſtique, ou la matiere inflammable, qui fait un des principes des métaux differe entiérement du ſoufre ordinaire. Il y auroit encore bien des choſes à dire ſur cette matiere inflammable.

La calcination des métaux fournit la ſeconde preuve, puiſque par elle, au moyen d'un diſſolvant acide, le feu leur enleve le phlogiſtique. On ſçait que les acides ne diſſolvent point le ſoufre ordinaire; mais comme dans la diſſolution dont il s'agit ici, la partie inflammable eſt enlevée aux métaux par des eſprits acides, il eſt évident que ce phlogiſtique doit être entiérement différent du ſoufre ordinaire. La ſublimation du ſel ammoniac faite avec le fer ou la ſanguine, nous donne preſque cette matiere ſubtile graſſe & inflammable, quoique combinée avec beaucoup d'acide vitriolique; quand il en eſt entiérement dégagé, il ne reſte plus du fer qu'une chaux très-difficile à réduire.

Quant à la troiſieme preuve tirée

de la vitrification des métaux, soit au miroir ardent, soit dans le feu ordinaire, on doit la regarder comme un corollaire ou une suite de la seconde preuve. Ce qu'il y a de certain, c'est qu'il ne peut point se faire de vitrification tant qu'il se trouve une matiere inflammable subtile dans les métaux, attendu que cette matiere les tient toujours en fusion dans le feu, & que par conséquent elle les empêche d'acquérir la consistence & la dureté du verre. Je renvoie en cette occasion à l'expériénce singuliere de Henckel sur la vitrification de la lune cornée, au moyen du mercure & du sel essentiel de l'urine ; elle mérite des réflexions. Voyez *Flora saturnizans*, chap. XI. *

La quatrieme preuve fait voir que le principe inflammable est moins abondant que les autres dans les mé-

* On trouvera cette expérience à laquelle M. Lehmann renvoie ici, à la page 573 de la traduction de l'*Art de la Verrerie de Neri, Merret & Kunckel*, à laquelle on a ajouté le chapitre XI. du *Flora saturnizans* de Henckel, qui traite *de la vitrification des métaux.*

taux. Mais la cinquieme prouve la néceſſité dont il eſt dans les métaux; quand ils en ſont privés, ils n'ont preſque rien de métallique, & lorſqu'on le leur rend, ils reprennent leur premiere forme & leurs propriétés. La ſixieme preuve eſt fondée ſur la détonation des métaux avec le nitre; expérience qui ſe fait plus ſouvent qu'on ne veut dans certaines opérations, & alors il arrive la même choſe que dans le phoſphore de Balduinus, comme le prouve l'expérience d'un de mes amis. Il prit une certaine quantité de craye qui avoit été préparée avec de l'eſprit de nitre comme pour le phoſphore de Balduinus; il la mêla avec une ſubſtance ſaline acide pour tenter une découverte; il mit ce mêlange en diſtillation dans une cornue de verre au bain de ſable; avant que la matiere fût réduite à ſiccité, elle s'enflamma avec une exploſion ſi conſidérable, que la cornue & le fourneau furent briſés, & la matiere qui demeura attachée aux morceaux qui reſtoient, s'allumoit au moindre feu, & détonnoit aussi vivement que de la poudre à canon.

La limaille très-fine des métaux imparfaits, lorsqu'on la jette dans le feu, s'allume & produit une flamme; ce qui prouve qu'elle contient une matiere inflammable, au lieu que leurs chaux ne font plus le même effet dans le feu.

Quant à la hüitieme preuve de M. Hoffmann, je vais l'examiner avec un peu plus de détail. Je rapporterai l'expérience de M. Zimmermann dans ses remarques sur les *Opuscules minéralogiques* de Henckel. Il fit rougir dans un creuset bien luté, pendant un tems assez considérable, parties égales de fer & d'arsénic; par cette opération environ la moitié de l'arsénic fut dissipée; il mit à dissoudre dans de l'esprit de sel la masse restante, qui étoit noire, spongieuse, semblable à de la suie & facile à écraser; alors, ce qui est très-remarquable, après que le mêlange se fût assez échauffé, il en partit des vapeurs d'un brun rouge qui s'enflammoient à une bougie, & qui brûloient jusqu'à la surface de la dissolution. Ce qui vient d'être rapporté de cette expérience suffit ; car ce qui reste ne peut servir à mon but, & ce qui a été dit prouve assez que le principe inflammable du fer est passé dans les vapeurs & la fumée : nous avons déja fait voir à l'occasion des preuves précédentes, que ce principe n'est point un soufre ordinaire. C'est cet être qui donne de la liaison & de la couleur aux métaux, suivant le sentiment de Bécher & l'expérience journaliere ; c'est ce principe qui donne aux métaux la fusibilité ; & quand ils en sont entiérement privés, nous ne les voyons plus que sous la forme d'une terre ou d'une chaux. Les différentes combinaisons de ce principe sont cause de la différence que l'on remarque parmi les métaux, car ils ont tous la même terre. C'est la partie mercurielle & le phlogistique qui, en raison de leur pureté & des différentes proportions dans lesquelles ils sont combinés, mettent de la différence entre eux. Si la proportion qui est entre ces principes eſt ſi juſte, que toutes les parties en ſoient exactement liées, il réſulte de leurs combinaiſons un métal fixé au feu. Si outre cette juſte proportion ces principes ſont parfaitement purs, il en réſulte des métaux parfaits, tels que l'or & l'argent. Si le principe inflammable y eſt trop abondant comme dans le cuivre, dans un feu violent il détruit toute la compoſition du métal, & quand il s'eſt une fois entiérement échappé, il devient très-difficile de rendre au métal ſa premiere forme & de le réduire, au lieu que l'on peut aiſément réduire les autres métaux à l'aide d'une nouvelle matiere inflammable. Ce principe non-ſeulement ſe diſſipe très-aiſément lui-même, mais encore dans un feu violent il entraîne des portions des deux autres principes avec lui; c'eſt ce que prouvent évidemment les enduits qui s'attachent aux fourneaux dans leſquels on traite les mines. Lorſqu'il vient s'attacher à une petite portion de terre métallique qui eſt unie avec une très-petite portion du principe mercuriel, il ſe forme du zinc, ou un demi-métal, qui eſt compoſé de parties inflammables, d'une petite portion de terre ſubtile & d'un peu de parties mercurielles. C'eſt pour cela que cette compoſition eſt ſi aigre, à moins qu'on ne la traite avec le phlogiſtique des charbons dans un vaiſſeau fermé, ce qui lui donne un certain degré de ductilité, comme M. Marggraf l'obſerve dans la ſeconde partie des *Miſcellanea Berolinenſia.* Ce principe inflammable qui n'eſt point viſible dans les métaux, ſe trouve très-abondamment, & d'une façon plus ſenſible, dans pluſieurs autres ſubſtances minérales, telles que le ſoufre, le pétréole, le naphte, le ſuccin, la tourbe, &c: c'eſt là ce qui a trompé bien des gens qui ont cru que c'étoit un ſoufre ordinaire, quoique le ſoufre ſoit un corps formé par l'union des trois principes, dans lequel il eſt cependant vrai que celui de l'inflammabilité domine ſur les autres. Cet être inflammable ſert à lier la terre, qui eſt le premier principe, avec le troiſieme qui eſt le principe mercuriel ; ou plutôt il diſpoſe le premier à recevoir les derniers , à les retenir , & à devenir ainſi un métal réel. Il ſe dégage le premier dans le feu , puiſque les ſubſtances métalliques rougiſſent , ſe fondent , & même ſe réduiſent en chaux & en cendre , pendant que les deux autres principes reſtent encore unis ; on peut en juger , parce qu'en y joignant de nouveau phlogiſtique ces ſubſtances reprennent ſur le champ leur forme métallique ; ou plutôt leurs parties ſéparées reprennent leur liaiſon. C'eſt ce que Bécher exprime par ces mots: *La terre inflammable donne la liaiſon aux métaux.*

C'eſt ſur cela qu'eſt fondée la fuſion par les charbons ; en effet, tandis que le feu dégage le phlogiſtique des métaux , il faut leur en fournir de nouveau , ce qui ne ſe fait point ſi bien lorſqu'on fait fondre avec le bois.

Au reſte , il ſeroit très-difficile de déterminer la figure de ce principe quand il eſt pur; car comme les parties élémentaires ſont ſi déliées qu'elles ne peuvent point tomber ſous nos ſens, & comme les corps les plus ſubtils de la nature en ſont déja compoſés, on ſentira aiſément combien Guilielmini s'exprime improprement dans ſon Traité *de Principio ſulphureo, page* 51, quand il dit : *Particula ſulphurea erit molecula exiliſſima ex materiâ partim æthereâ, partim ſalinâ, figuræ ſphæricæ, ſed intus poroſæ & cavernoſæ, in ſuperficie recurvis filamentis donatæ, compreſſilis & elaſtica.* Au contraire, je pourrois me haſarder à dire que c'eſt de l'union de ce principe avec la premiere terre, faite à l'aide de l'eau, que les ſels ſont formés. Je conviens qu'on ne peut point donner des principes inconteſtables ſur la façon dont la nature forme les ſels ; cependant il eſt aſſez vraiſemblable que lorſque ce principe, avant que d'être mêlangé, s'incorpore avec de l'eau, il eſt porté par elle dans la terre ſimple qui eſt altérée, que là il rencontre un corps plus ſolide auquel il s'attache, & qu'il eſt alors en état de ſe montrer ſous la forme d'un ſel. M. Stahl a donc raiſon de dire, page 84 de ſon *Specimen Becherianum : Salia vel ſalſedo in genere ex terra & aqua conſtat.* C'eſt ſur ce pied-là qu'on peut dire que tous les métaux ont leur ſel. Nous allons en parler actuellement comme d'un produit du principe terreux & du principe inflammable.

Les ſels ſont des corps ſolubles dans l'eau, & qui cauſent de la ſaveur ſur la langue. La plûpart des Auteurs ont prétendu qu'il ſe trouvoit des corps de cette nature dans les métaux, & pluſieurs ont établi leurs preuves ſur les cryſtaux que l'on obtient de la diſſolution des métaux dans les menſtrues à l'aide de l'évaporation ; cependant ils ne méritent point réellement le nom de *cryſtaux* d'*argent*, ou de *cuivre*, &c; attendu qu'ils ſont formés principalement par les ſels qui ſe trouvent dans le diſſolvant. Kunckel a mieux réuſſi à nous faire connoître les vrais ſels & leurs préparations, & je pourrois y renvoyer le Lecteur, ſans rien ajouter à ce que cet Auteur en a dit;

mais pour ne rien obmettre ſur cette matiere, je vais en répéter quelque choſe. Premiérement il y a des métaux, tels que le cuivre, l'argent, le fer, qui ont le premier des caractères auxquels on reconnoît un ſel, je veux dire qu'ils impriment une ſaveur ſur la langue. Secondement, la vitrification des métaux au miroir ardent ne pourroit point s'opérer s'ils ne contenoient point de ſels. Troiſiémement, les métaux ſont ouverts & diſſous dans des diſſolvans purement ſalins, ce qui ne pourroit point ſe faire s'ils ne contenoïent point des parties ſalines; car, comme je l'ai déja fait remarquer, il faut toujours qu'il y ait une aſſimilation de principes entre le diſſolvant & le corps à diſſoudre. Mais je ne puis croire que le ſel eſſentiel de tous les métaux ſoit un vitriol, ſur-tout après l'expérience que j'ai faite ſur le fer, qui m'a préſenté un phénomène tout-à-fait ſingulier, dont j'aurai occaſion de parler dans un autre endroit. Quatriémement, je ſuis convaincu de l'exiſtence de ce principe dans les métaux par le mêlange fréquent où ils ſont avec les ſels. On trouve ſouvent dans les grandes ſalines de Pologne, à Bochnie & Wilicza, de la mine de plomb, du ſoufre & de la calamine. Qui eſt-ce qui ne ſçait pas que les ſalines dont le ſel eſt coloré, de même que certaines terres, ne doivent ces couleurs qu'à des parties métalliques ? On trouve des ſels de cette eſpéce ſur-tout dans l'Archevêché de Saltzbourg, où il y en a de rouge, de bleu, de verd, &c.* Antoine Toſchmann dit qu'il y en a auſſi en Tirol. Voyez ſa Diſſertation qui a pour titre, *Regnum animale, vegetabile, minerale medicum Tyrolenſe,* imprimé à Inſpruck en 1738, page 13. Alonzo Barba rapporte la même choſe de l'Amérique dans ſon *Traité des métaux*, où il dit qu'il s'y trouve un ſel rouge très-fort. Je ne parlerai point ici du vitriol qui n'eſt par lui-même qu'un métal ſous la forme d'un ſel. Je ſerois

* Il y a auſſi des mines d'un ſel ainſi coloré dans la Catalogne, ſur les frontieres du Rouſſillon.

assez tenté de parler ici des sels des métaux qui ont la propriété de teindre, si les Adeptes vouloient nous apprendre comment on les prépare. Il est vrai que toutes les descriptions qu'on nous donne de cette grande opération de la nature & de l'art, roulent, pour la plûpart, sur la préparation d'un sel tiré des métaux, telles sont la plus grande partie des expériences d'Isaac le Hollandois, & son Traité qui a pour titre, *La Main des Philosophes*, ne parle que de préparations de sels. Kunckel qui a exactement suivi les travaux d'Isaac le Hollandois, a fait aussi beaucoup d'expériences sur les sels qui l'ont conduit à plusieurs découvertes singulieres, mais on ne peut guères juger par les expériences en petit de ce qui peut arriver en grand, & les rapports sont presque toujours différens, parce que l'un se propose d'obtenir un sel; l'autre, un verre; un autre, une huile, &c. L'expérience de Henckel avec la craye & l'arsénic prouve cependant que les sels ne sont point entiérement dépourvus de vertus, & qu'ils peuvent produire une amélioration & pénétrer dans les corps ; l'on a lieu de s'en convaincre en répétant certaines opérations contenues dans quelques ouvrages d'Alchymie ; c'est ce qui m'est arrivé en faisant l'expérience rapportée par *Sincerus Renatus*, ou Samuel Richter dans la *Fontaine d'or de la nature & de l'art*, in-8° 1711, page 7. Il dit dans cet ouvrage qu'il faut faire fondre ensemble deux parties de cuivre & une partie d'argent, granuler cet alliage, le mêler avec trois fois son poids de mercure sublimé, & distiller pour dégager le mercure coulant. Je puis assurer que pour lors il reste une matiere fusible à la flamme d'une bougie, qui réduite avec le borax & un peu d'alcali donne un grain ou bouton d'or assez sensible. Cette expérience ne prouve qu'une *falsification* des métaux par le moyen de l'acide du sel marin qui étoit uni avec le mercure sublimé, & qui dans l'opération s'est combiné avec les métaux plus fixes, après que le mercure en a été dégagé. Cette opération se fait encore mieux, & est d'un produit plus considérable, sans cependant payer à beaucoup près les frais, si pendant quelques jours auparavant on donne à la cornue un feu doux de digestion de haut en bas. Si, comme le rapporte *Alonzo Barba*, chap. 1, page 21, il est vrai que l'on emploie au Pérou tous les jours 1800 quintaux de sels uniquement pour la fusion des métaux, ce qui est pourtant incroyable, on jugera par-là de l'effet que les sels produisent sur les métaux, & l'on verra qu'ils les développent entiérement, les dégagent de leur miniere & les purifient. Puisque les Philosophes ont regardé le développement comme la premiere opération & comme la plus nécessaire pour parvenir au grand œuvre, comme rien n'opere ce développement plus efficacement que les sels, & comme les dissolvans n'agissent jamais sur un corps à moins qu'ils n'y trouvent des parties analogues ; on peut conclure de ce qui vient d'être dit, qu'il faut nécessairement qu'il y ait des ſels dans les métaux.

Arnaud de Villeneuve appelle ce ſel *Elixir minéral*. Iſaac le Hollandois a commencé tous ſes travaux avec les ſels, & s'en eſt ſervi dans la plûpart de ſes opérations pour ouvrir & développer les métaux. Voyez ſes *Opera mineralia*, édition de Middelbourg, 1600, in-12, pag. 2 & 4, & dans preſque tout le cours de l'ouvrage. En un mot, ce ſont les ſels qui font tout chez les Adeptes. Que dira-t-on de l'expérience d'un artiſte Hollandois, qui en prenant au haſard un certain eſprit de ſel tiré du ſel marin, y fait diſſoudre une livre de plomb, & après en avoir fait la précipitation, la fuſion & le départ, obtient un quarteron d'or, & qui enſuite ne peut jamais ſe rappeller quel eſprit de ſel il avoit employé dans ſon procédé ? On ne peut point en raiſonner avec un certain degré de certitude, car ces Artiſtes préſentent leurs procédés d'une façon très-emphatique, & ſe ſervent toujours de l'expreſſion

preſſion de, *notre ſel*, *notre ſoufre*, *notre mercure*, &c.

Mais en voilà aſſez ſur les ſels des métaux pour le préſent, attendu que dans une autre occaſion je compte parler d'un ſel particulier, de la matiere inflammable, & de la terre du fer. Je pourrois encore dire ici quelque choſe des *eaux graduées* qui ont été ſi vantées, mais je ne m'arrêterai guères ſur cet article. On en a beaucoup de deſcriptions, & chacun prétend que ſa recette eſt la meilleure. Paracelſe en a écrit un Traité qui ſe trouve à la page 590 du premier tome de ſes Œuvres imprimées in-8° à Bâle en 1575. Ces eaux graduées ne produiſent ordinairement point d'autre effet que de purifier les métaux, & d'exalter ou de rendre plus vives leurs couleurs. On peut dire la même choſe des poudres cémentatoires par rapport aux métaux; en effet, les eaux graduées ſont des ſels développés & diſſous, au lieu que les poudres cémentatoires ſont compoſées en grande partie de ſels concrets qui ne ſont développés que dans le feu, & qui alors pénétrent le métal avec lequel ils ont été stratifiés. Voyez *Paracelse*, page 604 du tome premier, &c. Ainsi la façon dont elles agissent est la même dans les deux opérations : c'est pourquoi nous ne nous y arrêterons point, attendu que nous avons déja suffisamment prouvé qu'il y a des sels dans les métaux, & fait voir les effets qu'ils peuvent produire. En général, est-il besoin de beaucoup de preuves pour démontrer les sels des métaux, puisque nous voyons que tous, à l'exception de l'or, se couvrent d'un enduit salin, & effleurissent à l'air seul? Je me flatte donc d'avoir démontré l'existence de ce mixte. On trouvera beaucoup d'obscurité & de charlatanerie dans le *Traité Mago-cabalistique des sels métalliques* de Salwig; mais à travers cela on ne laissera pas de rencontrer quelquefois des expériences assez curieuses.

Le troisieme principe des métaux est la terre mercurielle; c'est cette terre féche, fubtile, volatile qui pénetre tout, & qui, eû égard à la la fixité dans le feu, tient le milieu entre le phlogiftique & la terre vitrefcible. C'eft cette terre fubtile qui pénétre entiérement les deux autres principes, & leur communique fes propriétés. C'eft d'elle que vient la pefanteur qui eft propre à chaque corps, & c'eft fa quantité & fa pureté qui produifent la variété que nous remarquons dans tous les corps avec lefquels elle eft jointe. Il n'eft pas plus poffible de rendre vifibles fes élémens que ceux des autres terres. Il eft donc très-difficile de croire ce que Bécher nous dit dans fa *Phyfique fouterreine, liv. I. fect. 3, ch. 4, n° 3*; qu'en faifant fondre du jafpe il vit que ce principe s'étoit attaché en grande quantité au couvercle de fon creufet. En effet, s'il nous étoit poffible de rendre ces parties élémentaires fi fenfibles aux yeux, il feroit encore très-facile de déterminer leur combinaifon différente, leur poids, &c; & peu s'en faudroit que l'art ne fût en état de contre-

E ij

faire tous les corps de la nature.

Il sera aisé de sentir pourquoi l'on a donné le nom de *mercuriel* à ce principe, si l'on fait attention que d'un côté il a la propriété de pénétrer tous les corps d'une façon encore plus subtile que le mercure ordinaire, & que d'ailleurs il se trouve plus abondamment dans le mercure ou vif-argent, que dans aucune autre substance du regne minéral : comme il ne s'agit ici que de ce regne, il n'est point nécessaire que je m'arrête à démontrer sa présence dans les autres regnes de la nature ; il suffira de dire comment on prouve son existence dans le régne dont nous parlons. C'est, 1° par la forme qu'il lui donne. Nous trouvons que moins un corps contient de ce principe, moins il a de régularité, de liaison & d'arrangement. 2° Il se montre par la propriété d'entrer en fusion dans le feu que les corps tiennent de lui, & qui vient incontestablement des parties mercurielles. En effet, comme ces parties, à cause de leur subtilité, sont en assez grande quantité dans le métal, on verra aiſément comment elles ſont miſes ſi promptement en mouvement. C'eſt-là ce qui a induit en erreur beaucoup d'Auteurs qui ont cru que le mercure, ou vif-argent, lui-même étoit un principe des métaux, dont ils ne pouvoient point ſe paſſer, comme le prétend Alonzo Barba dans ſon *Traité des métaux*, pag. 62. Mais ſi l'on conſidere que le mercure ordinaire eſt lui-même un corps compoſé, on ne pourra ſuivre ce ſentiment : c'eſt avec beaucoup plus de raiſon que Bécher a prétendu, à l'endroit que nous avons cité, que ce principe mercuriel ne fait que pénétrer les corps qui ſont déja compoſés des deux autres principes, & conclut qu'il réſide dans les exhalaiſons minérales & dans les vapeurs qui operent la minéraliſation. Si ce principe mercuriel n'étoit caché que dans le mercure ordinaire, comment ſe pourroit-il que de l'antimoine, comme Digby a prétendu l'avoir fait, on en tirât du mercure, qu'il dit être volatil, qu'une piéce d'or, renfermée dans la bouche, en étoit colorée, lorſqu'on tenoit le bout du pied trempé dans ce mercure ? En effet, quoiqu'il n'y ait pas lieu de douter de la volatilité de ce principe, elle ne va cependant point juſques-là ; car ſi cela étoit, il y auroit peu, & même point du tout de corps dans leſquels il pût demeurer ; ce qui eſt contraire à l'expérience. 3° Nous reconnoiſſons ce principe aux différentes variétés & aux changemens qu'il fait prendre à la forme des corps : en effet, comme nous avons dit, c'eſt de lui que vient la figure des corps, & il eſt certain qu'il leur fait prendre tantôt une figure, & tantôt une autre. Nous aurons encore occaſion d'en parler plus loin, lorſque nous traiterons de la formation des mines & des métaux, & de leur décompoſition. C'eſt à quoi la partie mercurielle contenue dans l'arſénic contribue beaucoup, comme nous le ferons voir en ſon lieu.

Les trois principes primitifs que nous venons de décrire, ſont combinés dans les métaux, c'eſt pourquoi ils ſont liés très-étroitement, & de maniere qu'il eſt difficile de les ſéparer pour les montrer à part; c'eſt-là le nœud qui rend la tranſmutation des métaux ſi difficile. En effet, quoiqu'on ne puiſſe point en démontrer l'impoſſibilité, ſur-tout y ayant tant de preuves en ſa faveur, il eſt cependant très-difficile de déterminer de quelle maniere elle s'opere. La choſe deviendroit plus aiſée, ſi nous ſçavions avec certitude combien il entre de chacun des trois principes dans la compoſition de chaque métal. Mais comme nous n'en ſommes point là, on voit clairement, 1° que la plûpart des teintures connues n'ont réuſſi que par un pur effet du haſard. 2° Comme nous ſçavons que tous les métaux ſont compoſés des trois principes dont nous avons parlé, l'*amélioration* des métaux imparfaits ne peut être regardée que comme une ſimple purification de leurs parties. D'où l'on voit que plus les parties d'un métal ſont pures, plus les teintures agiſſent fortement ſur lui; c'eſt auſſi la raiſon pourquoi nous ne trouvons point dans les procédés qui nous ont été tranſmis, qu'aucune teinture ait agi ſur l'étain ou ſur le fer. Je penſe que cela arrive au fer, parce que ſa terre eſt trop groſſiere, & à l'étain, parce qu'il a déja une portion trop conſidérable d'arſénic trop intimement combiné avec lui. Il eſt certain que l'arſénic eſt une des ſubſtances qui ſervent à la production des métaux parfaits, comme le prouvent pluſieurs expériences, & ſur-tout celle de M. Henckel avec la craye. D'ailleurs qui eſt-ce qui a ſuffiſamment examiné l'arſénic ? Il n'eſt donc pas ſurprenant que l'arſénic qui ſe trouve trop abondamment dans l'étain empêche l'ingrés dans ce métal, attendu qu'une matiere métalliſante trop abondante l'emporte ſur celle qui eſt plus foible, & l'empêche d'entrer. L'argent, le cuivre, le plomb, le mercure y ſont plus diſpoſés, parce que leur être total eſt plus pur, plus ſubtil, & approche déja plus de l'état des métaux parfaits. Outre cela, la plûpart des Alchymistes s'accordent à dire que pour la production du grand chef-d'œuvre de la nature & de l'art, il faut une concentration des parties les plus parfaites & les plus puissantes des métaux qui sont déja parfaits. Car lors même qu'ils ont préparé leur *mercure* ou leur *sel*, suivant la dénomination qu'ils jugent à propos de donner à leur dissolvant qu'ils exigent encore un levain ou ferment, qui doit être l'un des deux métaux parfaits, c'est-à-dire, de l'or ou de l'argent. Ce levain ne fait, selon moi, que fournir sa partie la plus tenue & la plus efficace, qui est la plus propre à pénétrer les métaux. Mais laissons ces mystères aux Adeptes, & considérons les sentimens de quelques Auteurs sur la formation des métaux. Quoiqu'ils soient très-variés, il y en a peu de bien fondés, & je crois qu'il n'en est point de plus raisonnable que ceux de Lancisius & de Henckel; cependant le premier paroît avoir plutôt en vûe l'introduction des métaux dans leurs matrices que leur formation; M.

Henckel a jetté plus de jour ſur cette matiere ; nous rapporterons ſon ſentiment le dernier.

Alonſo Barba dans ſon *Traité des métaux*, croit que les métaux ſe forment journellement ; c'eſt-là préciſément la queſtion. Il prétend que la nature les produit du ſoufre & du mercure, par l'union qui ſe fait de leurs parties humides & terreſtres, au moyen du chaud & du froid. On ne peut point adopter ce ſentiment, attendu que cet Auteur entend ici le ſoufre & le mercure commun, comme on peut le voir par la preuve qu'il en donne page 62 & ſuiv. Ces deux principes ſont trop groſſiers, & étant des corps composés, ils ne peuvent point être regardés comme des principes des métaux. Bécher dans ſon *A B C minéral* prétend que tous les métaux ſont composés de trois terres ; la terre vitreſcible, la terre graſſe & la terre volatile. Nous avons déja parlé de ces principes. Stahl paroît aſſez porté à adopter ce ſentiment, comme on peut en juger par ſes remarques ſur l'*Hiſtoire naturelle des Métaux* de Bécher, par ſon *Specimen Becherianum*, & par d'autres ouvrages. Sans parler des autres ſentimens, voici celui de Henckel, tel qu'il ſe trouve dans ſes *Opuſcules minéralogiques* : « Je re» garde, dit-il, comme vraiſembla» ble que l'être mercuriel, ou l'être » arſénical qui lui eſt uni, eſt l'œuf » qui eſt fécondé par un être ſul» fureux, comme par une vapeur ſé» minale ». Je ſerois preſque tenté de contredire ce grand homme ; car je croirois plutôt que l'arſénic & la matiere inflammable ſubtile s'uniſſent, & pour lors fécondent une terre ſimple pure, comme je l'ai indiqué dans mon *Traité des Mouſettes ou Exhalaiſons minérales*, & comme le prouve l'expérience de Henckel avec la craye. En effet, ſi je conſidere attentivement les trois choſes qui produiſent de l'argent dans cette expérience, j'y trouve, 1° un acide du ſel marin, dans lequel 2° une pyrite, très-chargée d'arſénic, a été miſe en diſſolution ; enfin 3° une terre ſimple qui eſt la craye. Ce ſont ces trois choſes qui mêlées convenablement font de la craye une mine d'argent, qui après la fuſion & la coupellation donne un bouton. Je ne puis donc preſque point croire, comme Henckel le prétend, que l'être arſénical ou mercuriel y fût déja ſans action ; je penſerois plutôt, comme je l'ai déja dit, que ces deux corps volatils réunis ſont volatiliſés dans le ſein des montagnes, & que lorſqu'ils rencontrent une terre ou pierre propre à concevoir, ils s'y attachent, a pénétrent, & forment une mine.

Comme nous ſçavons de quoi les métaux ſont compoſés, ce ſeroit un grand point que de connoître auſſi comment la nature les produit ; mais cette opération étant celle qu'elle nous cache avec le plus de ſoin, on ſent aiſément qu'on ne peut en parler que par conjecture & ſans aucune certitude. Il ſuffit de ſçavoir que la nature, qui agit ſans ceſſe, combine & réunit les parties les plus ſimples, qui étoient auparavant ſi déliées, qu'on ne pouvoit les découvrir, même à l'aide d'un microſcope, & que par-là elle forme d'abord des petites molécules, & enfin de grandes maſſes métalliques qui, quand elles ſont pures, portent le nom de *métal*, & qui, quand elles ſont attachées à des corps étrangers qui ſont les matrices, s'appellent des *mines*. Il n'eſt donc pas néceſſaire d'attribuer cette formation à d'autres cauſes éloignées, car la nature eſt par elle-même en état de former les métaux de leurs principes. C'eſt auſſi pour cela que les principes ne ſont pas de la même eſpéce; les principes terreſtres ſont joints aux principes mercuriels & inflammables, afin que ces deux derniers puiſſent ſe tenir liés aux premiers, & obtenir par-là un certain degré de fixité. Ils agiſſent même fortement les uns ſur les autres. Les parties inflammables, comme acides, agiſſent ſur les parties terreuſes, elles les dilatent, afin que les parties mercurielles ou arſénicales y puiſſent entrer. Mais pour que la nature puiſſe parvenir à ce but, il faut d'abord que toutes ces parties qui constituent un métal, soient *assimilées* dans leurs points principaux. Il faut, par exemple, qu'elles soient également divisées & atténuées, qu'elles soient dans une juste proportion les unes à l'égard des autres pour le poids, & qu'elles agissent uniformément ; car sans cela l'une serviroit plutôt à détruire & à décomposer l'autre, qu'à la perfectionner : c'est ce que nous voyons dans les demi-métaux, que je regarde comme un commencement ou un degré pour parvenir à l'état métallique ; mais les principes élémentaires qui les composent, ne sont point encore dans une combinaison, ni une proportion convenable, les uns par rapport aux autres. C'est ainsi que l'antimoine est composé d'une grande quantité de mercure uni avec beaucoup de parties inflammables, mais il lui manque une terre fixe au feu. Le bismuth a aussi beaucoup de parties volatiles avec une terre subtile, mais le soufre fixe lui manque ; il en est de même des autres. Si parmi ces parties qui ne sont point combinées dans une juſte proportion, la nature ſéparoit ce qu'il y a de trop, & le remplaçoit par ce qui manque, il n'eſt pas douteux qu'il ne ſe produisît de vrais métaux. On voit par ce qui a été dit jusqu'ici, qu'il n'eſt point poſſible de déterminer comment ces parties élémentaires des métaux ſont combinées les unes avec les autres : les angles, les cercles, les cubes & les autres figures de Mathématique ne peuvent point nous tirer de cet embarras. Quelque cas que je faſſe des Mathématiques, je ne puis approuver les entrepriſes de ceux qui ont voulu les appliquer à la Chymie. En effet, comme les élémens des corps ſont d'une petiteſſe & d'une ſimplicité ſi grandes, qu'on ne peut point découvrir leur figure, même à l'aide des microſcopes, comment ſeroit-il poſſible de déterminer leur figure, ou la façon dont elles ſont jointes les unes avec les autres? Car ce que l'œil remarque eſt déja une portion du corps compoſé, & non pas des parties ſimples : les ſels métalliques même, dont on peut très-bien distinguer les figures, ne sont jamais purs, ils sont chargés d'une portion des particules les plus petites du métal dissous; & même quand ils ont été faits par des corrosifs, ils ont pris quelque chose de ces sels étrangers. Quels objets découvre-t-on dans le régne minéral lorsqu'on emploie le microscope ? On y voit des substances divisées & atténuées par la trituration du boccard. Peut-on se flatter dans une division & une séparation si grossiere des corps, de rencontrer précisément le point de contact, par lequel les particules élémentaires sont liées par la nature ? La chose est si palpable qu'elle n'exige point d'autre démonstration. Platon a raison de dire que Dieu agit suivant les regles de la Géométrie, mais nous ne remarquons la vérité de ce principe que dans les parties grossieres; elle nous échappe dans les particules déliées, telles que sont celles qui composent les principes des métaux. Sur quoi l'on peut voir le problême de M. Henckel qui eſt à la page 300 & 308 de ſes *Opuſcules minéralogiques*. Cependant pour ne point quitter un point ſi eſſentiel ſans avoir prouvé quelque choſe : nous tenterons d'indiquer comment ſe fait la combinaiſon des principes. Nous ſuppoſerons d'abord que les parties élémentaires ſont d'une petiteſſe inſenſible , comme je crois l'avoir ſuffiſamment prouvé juſqu'à préſent. Elles ſont ſimples , & quand elles ſont combinées les unes avec les autres, elles forment au commencement une petite molécule métallique , qui augmente à meſure qu'un plus grand nombre de ces molécules vient à ſe raſſembler. Pour ſe raſſembler il faut qu'elles agiſſent les unes ſur les autres , qu'elles s'approchent, & par conſéquent qu'elles ſoient en mouvement,& s'attachent lorſqu'elles viennent à ſe toucher les unes les autres. Tout mouvement ſuppoſe une cauſe motrice ; quelle eſt-elle dans le cas dont nous parlons ? Nous trouvons dans le ſein de la terre deux cauſes probables , toutes deux ſont des fluides , avec cette différence, que l'un eſt très-ſubtil, & l'autre eſt plus groſſier. La premiere de ces cauſes eſt l'air qui ſe trouve ſous terre; la ſeconde eſt l'eau ſouterreine. C'eſt ce qu'avoit en vûe Ariſtote cité par M. Hoffmann, lorſqu'il dit que *les métaux ſont formés par une vapeur humide.* C'eſt auſſi le ſentiment de pluſieurs Naturaliſtes modernes. Bécher dit dans ſon *Hiſtoire naturelle des Métaux*, page 6 : « Les métaux ſont » produits par deux ſortes de va- » peurs différentes ; l'une eſt mer- » curielle, & l'autre eſt ſulfureuſe ; » ces deux ſubſtances ſont élevées » par les exhalaiſons des montagnes, » ce qui fait qu'elles ſe combinent » & s'attachent aux pierres, agiſ- » ſent ſur elles ; par la chaleur in- » terne elles s'alterent, ſe coagulent, » &, ſuivant la différente nature de » la coagulation, forment des métaux » différens ». Il ne dit preſque que la même choſe dans ſon *ABC minéral*, & ſur-tout à la page 42.

Lorſqu'Alonzo Barba dit dans ſon *Traité de Métallique : Que les métaux se forment, lorsque les parties qui les constituent, s'unissent au moyen du chaud & du froid*; il est aisé de voir qu'il n'entend par-là qu'une vapeur humide ; car c'est-là la premiere chose qui a coutume de se produire par le concours du froid & du chaud, comme le prouve l'expérience journaliere. Isaac le Hollandois dit en plus d'un endroit, en parlant de la génération & de la production des métaux parfaits par l'Alchymie, qu'*il faut suivre la maniere d'opérer de la nature, & réduire toutes les substances en un être liquide, d'où elle semble les avoir toutes tirées*. Comme on peut voir dans son *Opus minerale*, édition de Middelbourg de l'année 1600, page 169, & ailleurs. Kunckel confirme ce sentiment au commencement de son *Laboratoire chymique*. Paracelse indique la même chose dans ses Œuvres Latines, édition de Bâle, 1515, in-8°, Tome I. page 585, où il dit en parlant du mercure : « Sçachez que le » mercure est un esprit métallique, » qui comme esprit est plus fort qu'un

» corps, c'eſt ainſi qu'il eſt contenu » & qu'il pénetre ſans peine dans les » autres métaux ». Quand on ſçait ce que c'eſt que le mercure de Paracelſe, on verra qu'il entend par-là un corps ſubtil qui a la faculté de ſe mouvoir, ſur-tout ſi l'on joint à ce qu'il vient de dire ce qu'il ajoute aux pages 403 & 405 du même Ouvrage, & ſi on rapproche pour les comparer les endroits où il en parle expreſſément. Quant au ſentiment de Henckel, nous avons déja dit, dans les réflexions que nous avons faites plus haut ſur ſes propres paroles, qu'il l'appelle une *vapeur ſéminale*. Matheſius s'exprime ainſi dans ſon Livre intitulé, *Sarepta*, Sermon 3e. page 27 : « Les » métaux, ſoit lorſqu'ils ſont parfaits » & purs, ſoit lorſqu'ils n'ont point » été parfaitement purifiés par la fu- » ſion, ſont des corps terreſtres que » Dieu produit en veines, en filons, » par couches, ou par maſſes, au » moyen d'une terre ſubtile ou diſ- » tillée, & de vapeurs & d'exhalai- » ſons graſſes & compactes qu'il fait

» sortir de la terre & des eaux, à l'ai-
» de de la chaleur naturelle; il tem-
» pere & mêle ensemble la terre &
» l'eau de façon qu'il se forme un
» *Guhr* ou une semence sulfureuse &
» mercurielle qui sert à produire tou-
» tes sortes de minéraux & de mé-
» taux, & qui est coagulée par le
» froid & prend de l'accroissement
» de jour en jour, » &c.

Les témoignages qui viennent d'être rapportés font voir clairement que sans air, sans le cencours du chaud & du froid, sans le mêlange des principes métalliques avec des fluides, il ne peut se former des métaux. Sur quoi l'on peut voir mon *Traité des Exhalaisons* ou *Moufettes*. En un mot, sans le concours de l'air, la formation des métaux ne peut s'opérer. On aura raison de demander comment ces particules métalliques qui nâgent dans des fluides peuvent en être précipitées? Il est aisé de le faire concevoir: si, comme nous l'avons dit ci-dessus, on convient que des parties élémentaires, il s'en forme d'abord de petites masses métalliques, qu'enſuite ces corps s'amaſſent pour en former de plus grands, que par-là ils acquierent plus de peſanteur, de façon à ne pouvoir plus nâger dans un fluide qui les porte de côtés & d'autres, il faudra qu'à la fin ces maſſes ſe précipitent par leur propre poids, qu'elles s'attachent à des corps plus ſolides qu'elles pénétreront entierement, ou à la ſurface deſquels elles demeureront attachées ſous la forme d'un métal natif. Dans le premier cas, ces corps formeront ce qu'on appelle des *mines*; dans l'autre ils produiront ce qu'on nomme des *métaux natifs*. Nous aurons occaſion de dire quelque choſe de plus des premiers, en parlant des matrices des métaux. Mais les métaux de la ſeconde eſpéce ſe forment lorſque ces parties métalliques ſont en maſſes trop grandes pour pouvoir pénétrer dans les interſtices étroits de la roche, ou lorſque la pierre n'eſt pas propre à les recevoir & à en former des mines. Suivant que ces parties métalliques ſont charriées par les eaux ou élevées par les exhalaiſons minérales, elles nous présentent quelquefois les figures les plus singulieres; c'est ce qu'il est inutile de m'arrêter à démontrer, puisqu'on en peut voir des exemples dans les végétations que l'on trouve sur plusieurs morceaux de mines qui sont dans les cabinets des Curieux, & dans les végétations artificielles des métaux, connues dans la Chymie sous le nom d'*arbres de Diane*, dont nous aurons encore occasion de dire quelque chose par la suite. Il y a encore une autre voie par laquelle les métaux peuvent entrer dans les pierres, c'est par une espéce de filtration; lorsque les particules métalliques déliées sont suspendues dans l'eau, si cette eau vient à rencontrer une pierre qui lui donne passage, elle se filtre au travers, & le métal reste dans la pierre; c'est ainsi que se forment plusieurs mines; c'est aussi la raison pour laquelle on ne trouve point communément du métal dans l'espéce de jaspe qu'on nomme *hornstein* ou pierre cornée, qui est très-compacte, dans le quartz, &c, à moins que ce ne soit à leur surface & dans les fentes ou gersures qui s'y rencontrent ; & ce qu'on y trouve est ou du métal natif ou du moins de la mine riche ; au lieu que dans le grais, dans la terre, dans le spath, &c ; on en trouve une plus grande quantité, mais ils sont plus dispersés, comme le prouve l'expérience journaliere.

Lorsque j'ai dit plus haut que quelques parties élémentaires des métaux nâgent dans un fluide grossier & épais, j'ai voulu faire entendre qu'ils nâgent dans l'eau : je vais donc examiner une question qui a déja souvent été agitée, sçavoir si les métaux que l'on trouve soit minéralisés, soit natifs dans les rivieres, y ont été formés, ou s'ils y ont été apportés d'autres endroits. Par le principe qui a été posé que les particules élémentaires des métaux se soutiennent dans l'eau, il paroîtroit certain qu'ils sont aussi formés dans les rivieres : je conviens que beaucoup de Sçavans sont de cet avis, même aujourd'hui, mais j'ai des raisons importantes pour en douter. Car d'abord nous avons fait voir jusqu'à présent

présent que pour la liaison des parties élémentaires des métaux, il falloit un degré exact de chaleur & de froid, ce qui ne se trouve point dans les rivieres. Si on demande ce que la chaleur fait à la combinaison des métaux, nous répondrons qu'elle les atténue, les dissout & les dilate, au point de pouvoir nâger dans un fluide malgré leur pésanteur spécifique; au lieu que le froid resserre & condense tous les corps, même ceux qui sont fluides; par-là les parties éparses & isolées se rapprochent, elles se touchent, se lient & elles deviennent plus pesantes & plus propres à résister au fluide qui n'a plus la même facilité à les diviser. On trouve une preuve de ce qui vient d'être dit dans les opérations de la Chymie. En effet, lorsqu'on met un corps en sublimation, on ne fait que détruire la liaison de ses parties solides, & rendre ses parties assez volatiles pour pouvoir, pour ainsi dire, nâger dans l'air, mais aussitôt qu'elles s'approchent de quelque chose de froid, tel qu'est le chapiteau ou les parois du vaiſſeau ſublimatoire juſqu'à l'endroit où il ſort du bain de ſable & où il n'eſt pas ſi échauffé qu'à la partie qui y eſt enfoncée, alors ces particules s'attachent & ſe condenſent, comme on peut le voir dans la volatiliſation d'une partie de lune cornée, de deux parties de cobalt ou d'arſénic teſtacé, & de huit parties de cinnabre, triturées enſemble & ſublimées au bain de ſable dans une cornue de verre. Cette opération eſt dans les *Opuſcules Minéralogiques* de Henckel. En ſecond lieu, nous avons dit que les parties élémentaires des métaux devoient être dans un mouvement continuel; mais cela ne doit s'entendre que tant que les métaux ſont parfaitement diſſous, & tant qu'ils demeurent dans cet état. Mais pour que ces parties forment un corps ſolide, il faut qu'elles jouiſſent du plus parfait repos; un mouvement continuel du fluide les entraîneroit ſans ceſſe & les diviſeroit: or comme il eſt impoſſible qu'elles ne ſoient dans ce cas tant qu'elles ſont dans les eaux, on voit clairement qu'il n'eſt pas poſſible que les métaux s'y forment.

On m'objectera ici les incruſtations ou pétrifications qui ſe forment journellement dans les eaux, telles que celles des bains de Carlſbade, celles dont parle M. Seip dans ſon *Traité des eaux de Pyrmont*, & ſur-tout le bois changé en mines de fer dont il parle à la page 58, & on voudra s'appuyer de ces exemples pour prouver que les mines & les métaux peuvent être formés dans les eaux. Quant au premier exemple, je dis que les parties de la pierre tophacée ſont ſi péſantes, & compoſées d'une terre ſi groſſiere que leur poids les empêche de demeurer long-tems ſuſpendues dans l'eau, au lieu que les métaux ſont dans un état de diviſion bien plus grand, & par conſéquent leurs particules ſont plus légeres. A l'égard du ſecond exemple tiré du bois pétrifié & minéraliſé de M. Seip, on ne le trouve pas dans la ſource, mais à ſes côtés dans un endroit où les eaux ferrugineuſes ont été en repos & ſe ſont étendues. De là vient que ce fluide s'étant desséché peu-à-peu, ou plutôt ayant pénétré dans le bois qui s'y est trouvé, il y a porté avec lui le fer, comme le même M. Seip l'observe à la pag. 59 du même Ouvrage.

Troisiemement, la formation des métaux, pour se montrer à nos yeux sur-tout en mine, exige une pierre propre à recevoir les petites particules métalliques, c'est-à dire, qui ne soit ni trop compacte comme la pierre cornée, ni trop tendre comme le grais. Les mines peuvent bien s'attacher extérieurement à la premiere de ces pierres; mais elles ne peuvent la pénétrer intimement à cause de sa grande dureté, ce qui fait que ces mines sont sujettes à se décomposer très promptement. Cependant il n'est gueres possible que les mines s'attachent même de cette maniere dans les rivieres. Mais si les pierres sont trop tendres, comme le grais, elles perdent dans l'eau le *gluten* ou le lien qui retient leurs parties, & il ne reste que du sable, qui contient quelquefois à la vérité des parties métalliques; mais ſouvent en ſi petite quantité qu'on eſt obligé d'avoir recours au microſcope pour appercevoir ce qui reſte ſur la coupelle. En ſuppoſant même que ces pierres tendres ne ſe détruiſiſſent point dans l'eau, elles ne laiſſent pas d'avoir des pores ſi larges que les particules métalliques qui peuvent y être logées ſont continuellement expoſées à l'action des eaux, & par conſéquent elles ne peuvent y demeurer fermement attachées. En effet, les pierres à filtrer ſont de cette eſpéce, & ſouvent j'ai obſervé que les eaux renfermées dans les montagnes ſabloneuſes ne ſe font point un paſſage par les fentes, mais ſuintent au travers de la pierre ſolide & entraînent avec elles une terre aſſez groſſiere comme je l'ai dit, dans une note inſérée dans le *Recueil des Curioſités de la Nature & de l'Art* de M. Grundig Miniſtre de Schneeberg, pag. 345 du 1er. vol. c'eſt ce dont je ſuis en état de fournir des preuves. *

* Voici la traduction de la note à laquelle M. Lehmann renvoie dans cet en-

On me demandera comment on peut rendre raiſon des métaux qui ſe trouvent dans les rivieres, & ſurtout des grains & paillettes d'or & d'argent, comme auſſi des mines d'étain qui ſe trouvent en particules déliées. Je répons à cela que toutes ces choſes ne ſont que des fragmens détachés des filons par la violence des eaux, qui les ont ſouvent entraînés à une diſtance très-éloignée du lieu de leur formation. C'eſt auſſi-

droit. « Il s'agit d'un ſpath que j'ai trouvé » dans un grais groſſier près de Noſtnitz, » à peu de diſtance de Dreſde. Ce ſpath » ſe trouve en partie dans les fentes du » grais, & en partie à la ſurface & à l'air » libre, ce qu'il y a de plus remarquable » ce ſont les différentes formes ſous leſ- » quelles il ſe préſente. J'en ai un mor- » ceau qui repréſente très-exactement une » arrête de poiſſon avec les petites côtes » ou arrêtes qui y tiennent; un autre mor- » ceau reſſemble à des plantes qui ſeroient » travaillées en ivoire. Ce qui me ſurprend » le plus, c'eſt que ce ſpath eſt ſi foible- » ment attaché au grais, qu'on peut l'en » ſéparer avec le couteau. Je n'ai rien » trouvé de plus propre à démontrer la » formation journaliere des pierres que ce » ſpath.

là la raiſon pourquoi on les trouve ſur-tout dans les eaux qui ont un courant rapide, telles que le Rhin & le Danube, & dans les rivieres & ruiſſeaux qui coulent avec impétuoſité. Il arrive auſſi de-là qu'aſſez ſouvent on trouve de ces particules de mines dans les poiſſons qui les ont avalées, lorſqu'on vient à les ſervir ſur la table. C'eſt une abſurdité que de croire que ces mines ou ces métaux ont été produits dans les eſtomacs des truites, des brochets & des canards. Sur ce que je ne crois pas que les mines & métaux puiſſent ſe former dans l'eau on m'objectera que l'étain qui ſe trouve répandu dans la terre en particules déliées, eſt toujours plus pur & plus fin que tout autre. Pour répondre à cette difficulté il ſuffit de voir de quoi les mines d'étain ſont compoſées. Il y entre 1° de l'étain, 2° beaucoup de particules ferrugineuſes, 3° beaucoup d'arſénic, 4° une terre ſubtile facile à vitrifier & qui dans la fuſion forme très-promptement une ſcorie. L'eau n'agit point ſur la premiere de ces ſubſtances, mais elle attaque d'autant plus vivement la ſeconde; elle diſſout & entraîne le ſel vitriolique, & elle parvient peu-à-peu à décompoſer entiérement le fer qui a la propriété de rendre l'étain plus difficile à fondre, d'en enlever une grande partie qu'il fait paſſer dans le mêlange d'étain, de fer & d'arſénic, qui dans le traitement de l'étain ſe met au-deſſous de ce métal fondu; ce mêlange ſe nomme *Heerdling*. L'eau emporte auſſi en même tems beaucoup d'arſénic ſans rien ôter au métal, au lieu que dans le grillage l'arſénic ne ſe dégage jamais ſans entraîner une portion d'étain avec lui. Il ne reſte donc pour lors que l'étain avec les particules terreſtres déliées avec leſquelles il eſt intimement uni; elles ſont très-fuſibles & font qu'on obtient un étain plus pur que s'il étoit encore mêlé avec un grand nombre de parties ferrugineuſes & arſénicales. Je me flatte d'avoir ſuffiſamment prouvé que les métaux qu'on trouve dans les rivieres n'y ont pas été formés, mais qu'ils y ont été apportés d'ailleurs par la violence des eaux, c'eſt ce que Mattheſius dit auſſi dans le quatriéme Sermon de ſon Livre intitulé *Sarepta*. En parlant de l'or, il dit « que l'or de lavage qui ſe forme » dans les rivieres, ou qui a été dé- » taché des filons & des roches, ou » de la premiere couche de la terre » & du gravier, & ſéparé de ſa mi- » niere, contient l'or le plus pur, de » même que la mine d'étain qui ſe » trouve répandue par petits frag- » mens dans la terre donne un étain » plus ductile & d'une meilleure qua- » lité que tout autre. » Mais en voilà aſſez ſur cette matiere.

Par filtration il ne faut point ſe figurer ici une pénétration groſſiere du métal diſſout, mais j'entends par-là le paſſage de la matiere fluide chargée de parties métalliques au travers des parties ſolides les plus ſerrées de la pierre; & je connois une opération au moyen de laquelle je puis métalliſer des pierres de toute eſpece : j'employe pour cela une certaine huile métallique tombée en *deliquium* à l'air; mais j'en dirai davantage dans une autre occasion, lorsque j'aurai pu réitérer cette expérience avec plus d'exactitude. La teinture des adeptes est une filtration de cette espece; car ils disent que *leur teinture doit fondre & surnager comme de l'huile au métal échauffé, & en pénétrer toutes les parties même les plus petites.* Telles sont les différentes huiles dont parle Isaac le Hollandois, dans ses *Opera Mineralia*, pag. 297 & 298 de l'édition que nous avons déja citée.

Je vais en peu de mots dire encore quelque chose des métaux vierges ou natifs. J'ai déja remarqué ci-dessus que l'or ne se trouve que natif, & j'ai fait voir comment se formoit l'argent natif, quoiqu'il ne se trouve jamais dans un assez grand degré de pureté pour n'être pas toujours mêlé du moins d'un peu d'arsénic, comme Henckel le prouve dans ses *Opuscules Minéralogiques.* Il en est de même du cuivre natif, c'est-là ce qui le rend aigre. Quoique le fer natif soit très-rare, on ne peut plus douter de son existence depuis que M.

Margraff en a tiré lui même un morceau considérable qu'il a trouvé dans les mines d'étain qui sont entre Eibenstock & Johann Georgenstadt. Il ne lui manque aucune des propriétés essentielles à ce métal, il est ductile & s'étend sous le marteau; par conséquent on ne peut le regarder comme une mine de fer, mais comme du vrai fer natif. * Quant au plomb je ne puis en rien décider, tant que je ne sçaurai point au juste comment les grains de plomb qu'on trouve à Massel ont été formés. Un de mes amis me fit voir un jour dans sa collection de minéraux une mine sur laquelle on voyoit de l'étain natif; mais je ne puis en croire la réalité; on prétendoit qu'elle venoit des Indes Occidentales, &, si je ne me trompe, de Surinam; mais je pense que dans ce pays-là on détache, comme ici,

* Suivant le rapport de quelques Voyageurs, il se trouve sur les côtes du Sénégal des masses énormes semblables à des roches de fer propre à s'étendre sous le marteau; il y a lieu de croire que ces masses ont été produites par des volcans.

les mines d'étain au moyen du feu qu'on y met pour faire gerser la roche; si cela est, il peut se faire que la violence du feu ait fait fondre l'étain, & que les goutes d'étain fondu qui sont sorties de la pierre s'y soient durcies ensuite en refroidissant.

En un mot, l'or ne se présente que natif ou vierge. L'argent, le cuivre & le fer se trouvent aussi natifs, mais ils ne sont point toujours fort purs. Pour le plomb, la chose est indécise; quant à l'étain on ne l'obtient que par la fusion de ces mines. L'expérience prouve que les métaux natifs approchent de leur décomposition, comme on peut le voir dans les Cabinets d'Histoire Naturelle, & l'on peut se rappeller ce que j'ai dit plus haut en parlant d'une mine d'Oberschona près de Freyberg. Cependant ils ne sont point perdus pour cela, ils ne sont que divisés de nouveau en une infinité de petites parties, ils sont volatilisés & peu-à-peu portés sur des pierres ou minieres solides auxquelles ils s'attachent; alors ils paroissent ou sous leur premiere forme ou ſous une forme différente, ſuivant qu'ils ont rencontré une matrice ſemblable ou différente de la premiere, dans laquelle ils puiſſent s'arrêter. Pour ce qui eſt de la végétation des métaux elle peut avoir des cauſes différentes. Ce qu'il y a de certain c'eſt qu'il faut une diſſolution bien exacte des parties, il faut une ſubſtance arſénicale ou mercurielle & un acide. Ces choſes ſont très-néceſſaires dans les végétations métalliques qui ſe font par la voie humide, comme on peut le voir dans un grand nombre de procédés, & ſur-tout dans le *Palingeneſia plantarum* de M. Francus de Frankenau, avec les remarques de Neringius, édition de Hall 1717 in 4° pag. 163. L'on y employe le mercure, l'argent diſſout & l'eau-forte. Mais dans les végétations que la Nature opere, telles que celles qu'elle fait avec la mine d'argent rouge, avec l'argent natif & la mine d'argent vitreuſe, ce qu'elle employe nous eſt inconnu: cependant il y a moyen de le découvrir. On voit qu'il y a de l'argent extrêmement divisé, puisqu'il peut même se soutenir dans le fluide de l'air; la substance mercurielle & arsénicale s'y découvrent par l'analyse Chymique de ces mines; pour l'acide, il est dans la matiere inflammable qui est un des principes de tous les métaux; plus il est subtile, plus ses productions & les formes qu'il donne dans la végétation souterreine sont délicates & belles; au contraire, quand il est grossier & impur, il ne peut point nous présenter des ouvrages aussi parfaits, comme nous le voyons dans la mine de plomb cubique, dans la mine d'argent blanche, &c. C'est ici le lieu de rapporter l'expérience de Henckel qui dans ses *Opuscules Minéralogiques* nous enseigne la maniere de produire des petits buissons d'argent avec un demi-gros de mine d'argent rouge mis dans un vaisseau de deux pouces de large, en donnant un degré de feu convenable. Que peut-on dire des particules d'or que l'on prétend avoir été produites par la Nature dans les racines des arbres, du bled, des seps de vigne, &c, sur-tout en Hongrie; ils prouvent la vérité de ce que j'ai dit. La raison pour laquelle les métaux moins parfaits ne peuvent pas si bien être mis en végétation par l'Art, c'est que leurs parties sont trop grossieres, & par conséquent elles ne peuvent point être mises dans une dissolution si parfaite, & ne peuvent point, à cause de leur pésanteur, s'élever aussi aisément; & quoique Glaubert indique quelque part une liqueur propre à disposer tous les métaux à la végétation, son procédé ne m'a réussi qu'avec le fer: il est vrai que les métaux parfaits, & sur tout l'or, sont plus pesans, mais cette pesanteur ne vient que de l'union étroite de leurs parties les plus subtiles; quand elles sont séparées, elles sont d'une petitesse infinie, comme on le peut voir par les petites feuilles d'or & d'argent & dans les petits arbrisseaux d'or artificiels. Je me flatte donc d'avoir en quelque façon fait voir comment la Nature s'y prend pour former des métaux natifs. Mais comme la plûpart des métaux ſe trouvent ſous la forme de mines, il eſt tems d'entrer dans un plus grand détail ſur la formation des mines.

SECTION III.

De la Formation des Mines.

LEs mines ſont des corps formés par la combinaiſon de parties métalliques & non métalliques, dont quelques-unes ſont volatiles, & d'autres ſont fixes au feu. Nous avons déja examiné quels ſont les principes des parties métalliques qui entrent dans la compoſition des mines; conſidérons maintenant les principes de celles qui ne ſont point métalliques : elles ſont de la même nature qu'elles; toute la différence dépend de leur pureté & de leur mixtion. Je crois que l'on ne peut mieux faire que de conſidérer d'abord en général les parties que l'on nomme étrangeres dans les mines; après cela les mines elles-mêmes. Mais il faut commencer par ſe rappeller qu'il ne s'agit pas ici des différentes eſpéces de pierres dans leſquelles les mines ſe trouvent ; elles ne ſont pas des mines, mais elles ſont ſeulement les réceptacles où elles ſont placées ; cependant nous aurons occaſion d'en parler plus loin. Les ſubſtances qui font perdre aux métaux leur forme métallique ſont d'une nature toute différente. Oter à un métal ſa forme, c'eſt lui faire perdre ſa liaiſon, lui enlever ou diminuer ſa ductilité, changer la péſanteur qui lui eſt propre, lui ôter ſon coup d'œil extérieur, en lui joignant des choſes qui ne lui ſont point analogues, & qui ne peuvent point ſe combiner intimement avec lui. Pluſieurs ſubſtances peuvent produire ces effets, telles ſont 1° les terres groſſieres, 2° le ſoufre, 3° l'arſénic, 4° un autre métal.

Quant à la terre groſſiere nous avons déterminé au commencement de la ſeconde Section ce qu'on doit entendre par-là, & j'ai dit que quoiqu'elle ſoit dure, elle ne laiſſe pas de pouvoir ſe pulvériſer ; d'où l'on voit qu'elle doit être caſſante & non ductile. Lors donc qu'une ſubſtance de cette nature vient à se combiner avec un métal pur & ductile, on sent qu'elle le prive de sa propriété métallique en lui ôtant sa ductilité & en le rendant aigre & cassant. Si cette terre s'unit très-intimement avec le métal au point de ne pouvoir plus en être séparée même par l'action du feu ou par d'autres voies, on doit la regarder comme un moyen de destruction pour les métaux; mais lorsqu'elle n'est que jointe avec le métal dont elle ne détruit la liaison que grossierement & qu'elle peut en être séparée; cette terre est ce qui minéralise le métal.

Le soufre grossier est la seconde substance qui minéralise les métaux. Le soufre n'est autre chose qu'un corps formé par l'union de l'acide vitriolique avec une substance inflammable & avec une terre combinée avec l'un & l'autre. Dans le soufre, c'est sur-tout l'acide vitriolique qui change la nature des métaux, & qui les rend cassans, ou, suivant les circonstances, qui les décompose. Son phlogistique qui est très-volatile, fait que les métaux qui font combinés avec lui fe diffipent, finon entierement, du moins en grande partie à un feu violent, fi l'on n'a pas la précaution de commencer par le dégager par un grillage convenable, ou de lui donner des entraves de quelqu'autre maniere.

J'ai dit que l'arfénic étoit la troifieme fubftance qui contribue à la minéralifation des métaux; & c'eft avec raifon; car, comme nous l'avons déja fait remarquer plufieurs fois, quoiqu'il puiffe contribuer à la formation des métaux, il contribue auffi à leur décompofition. Il agit fur les métaux de la même maniere que le foufre, excepté qu'il les rend encore plus volatils que lui, & ces deux fubftances font ordinairement étoitement unies, & fe trouvent communément enfemble, chacune d'elles a non-feulement la faculté de faire prendre la forme de mine au métal, mais encore très-fouvent elles fe trouvent réunies, comme nous le ferons voir en parcourant les différentes efpéces de mines, & pour lors elles font communément que les mines font riches, fur-tout celles d'argent. Souvent ces fubftances ont déja pris la forme d'une mine dans laquelle elles font toutes les trois combinées, c'eft ce qui arrive dans la pyrite, dans quelques mines de cobalt, d'antimoine, &c; alors fouvent elles font propres aux demi-métaux, ce qui n'empêche point qu'elles ne reçoivent d'autres métaux précieux, ou du moins de vrais métaux parfaits dans leur efpéce. Il n'eft pas rare de voir dans un morceau de mine, deux & même un plus grand nombre de métaux différens qui y font fi exactement combinés que le coup d'œil extérieur ne peut point les faire regarder comme des mines particulieres, quoique les effais nous en affurent. Dans ces mines on remarque fur-tout le fer qui a la propriété de s'unir très-aifément avec les autres métaux; la même chofe arrive pourtant encore à d'autres métaux.

On demandera ici comment fe fait cette combinaifon de fubftances étrangeres avec les métaux, & comment s'opere la minéralisation qui en résulte. Quoiqu'on ne puisse point donner tout d'un coup une réponse satisfaisante sur cette question, on peut cependant tirer des conclusions assez sûres des propriétés des substances dont nous parlons. Nous avons dit dans la seconde Partie de cet Ouvrage, que les métaux se produisoient par l'union de leurs parties élémentaires, que de-là il se formoit de très-petites molécules métalliques, dont une partie est portée par les vapeurs, ou exhalaisons souterreines, sur la roche solide, ou sur d'autres corps métalliques déja formés, & qu'une partie pouvoit y être portée par les eaux. On peut dire la même chose des substances minéralisantes dont nous venons de parler. En effet, quant à la terre, il est très-aisé de voir que les métaux s'y attachent, s'y unissent, se durcissent avec elle, de quelque maniere qu'ils aient été apportés, comme on peut le remarquer dans tous les *gurhs*, dans les argilles métalliques, dans les terres jaunes, brunes, vertes, dans les ochres, &c. Le ſoufre & l'arſénic s'uniſſent aux parties métalliques en une quantité d'autant plus grande, que lorſqu'ils ſont dans une proportion convenable, ils contribuent en quelque choſe à leur formation. Tous les deux diſſolvent les métaux, tous deux les volatiliſent, tous deux ont de la diſpoſition à s'unir avec eux, tous deux compoſent les vraies exhalaiſons ſouterreines propres à la métalliſation ; tous deux pénétrent l'intérieur des montagnes, s'attachent en différens endroits, & portent le métal dont ils ſont chargés ſur la roche ſolide. La choſe deviendra encore plus ſenſible, ſi l'on fait attention que l'arſénic ſur-tout contribue beaucoup à la décompoſition ou à l'efflореſcence ſpontanée des métaux. J'ai déja dit plus haut ce qu'il opere, & comment il agit, ainſi je ne m'y arrêterai point davantage ; je dirai ſeulement que je crois que la combinaiſon des métaux avec ces deux ſubſtances volatiles s'opere dès le moment qu'ils ſont formés par la réunion des parties élémentaires, c'eſt pour cela qu'ils peuvent ſe combiner ſi intimement, qu'il faut ſouvent un degré de feu très-violent pour les ſéparer. Cependant il y a des degrés différens dans cette union; car nous voyons que le fer eſt ſur-tout très-diſpoſé à s'unir avec le ſoufre & l'arſénic.

La choſe deviendra encore plus claire ſi, comme nous l'avons promis, nous examinons quelques mines en particulier. L'argent natif n'eſt que rarement aſſez pur pour ne pas contenir quelque portion d'arſénic, comme Henckel l'a prouvé dans ſes *Opuſcules minéralogiques*. La mine d'argent vitreuſe contient avec du ſoufre un peu d'arſénic, comme on peut le voir par la façon de les faire artificiellement, ſuivant la méthode qu'en donne Kunckel page 76 de ſon *Laboratoire chymique*. Elle réuſſit très-bien, & je l'ai faite en y ajoutant un peu d'arſénic, de la maniere qui ſuit. Je pris de la chaux d'argent édulcorée, & un petit morceau de cinnabre, & la moitié du poids de la la chaux d'argent d'arſénic blanc pulvériſé. Je mis ces ſubſtances par couches dans une cornue de verre, que je laiſſai pendant deux jours en digeſtion à un feu doux; au bout de ce tems je pouſſai le feu au point de faire paſſer le mercure ſous une forme coulante, ayant enſuite donné encore un feu doux pendant deux heures, je retirai la cornue, & je trouvai que le ſoufre, qui étoit dans le cinnabre, s'étant uni avec la chaux d'argent, avoit formé une mine d'argent vitreuſe très-flexible & très-ductile. J'ai pluſieurs fois réitéré ce procédé, & j'ai remarqué qu'il n'y a point de chaux d'argent qui y ſoit plus propre que celle qui ſe fait par l'amalgame avec le mercure, parce qu'elle eſt plus déliée, & par conſéquent plus propre à être pénétrée que celle qui eſt faite avec l'eau-forte.

Si on examine la mine d'argent rouge, on trouvera qu'elle eſt compoſée d'argent, d'arſénic, de ſoufre & de particules de fer. Henckel prétend que l'art ne peut point l'imiter, cependant j'y ſuis parvenu ; voici mon procédé. On fait le *lapis pyrmieſon* ou *lapis de tribus* , composé de parties égales d'antimoine , de ſoufre & d'arſénic cryſtallin , on pourra, par exemple, prendre une once de chacune de ces matieres, on y joint autant de chaux d'argent bien édulcorée , & environ une demi-drachme de ſaffran de Mars bien préparé ; on fera fondre le tout dans un matras de verre au bain de ſable, & l'opération ſera finie. On peut auſſi, au moyen de quelques tours de main, faire que cette mine artificielle ſoit fort joliment cryſtalliſée.

La mine d'argent blanche eſt de l'argent qui a été minéraliſé par le ſoufre, l'arſénic & une aſſez grande portion de terre ; c'eſt pour cela qu'elle reſſemble ſouvent au *miſpikkel*, ou à la pyrite blanche.

La mine d'argent griſe eſt de l'argent minéraliſé par l'arſénic, le cuivre & un peu de fer. Je pourrois encore dire que la mine d'argent nommée *merde d'oye* , eſt compoſée d'argent qui a été à moitié décomposé par l'arsénic, & que la mine d'argent cornée est redevable de sa forme à l'arsénic & à l'acide du sel marin ; mais je m'en tiens-là, pour ne point entrer dans un trop grand détail.

Si nous considérons les mines de cuivre, nous serons obligés de convenir qu'elles sont les plus pures, & ce qui contribue le plus à leur minéralisation, c'est leur combinaison avec une terre grossiere. Il en est de même des mines de plomb. La galene ou mine de plomb en cubes, est du plomb minéralisé par le soufre ; nous dirons ailleurs quelque chose de plus des mines de plomb vertes, blanches & jaunes. Les mines d'étain sont composées d'étain, de fer, d'arsénic & de soufre. Quant au fer, outre ses parties métalliques, il a une terre assez grossiere qui est unie avec lui.

Ce qui vient d'être dit en peu de mots suffit pour faire connoître ce qui entre dans la composition de ces mines ; à l'égard des différentes formes & crystallisations qui se présentent dans les différentes mines, il eſt très-difficile de donner exactement les raiſons pourquoi elles ont pris ces figures ; cela prouve ſeulement que les métaux ſont venus originairement d'une matiere molle & fluide : d'ailleurs il faut avouer que ces recherches géométriques ne ſont point d'une grande utilité dans la Minéralogie & la Métallurgie, attendu qu'elles ne peuvent conduire à aucuns principes dans l'Hiſtoire naturelle des corps ſouterreins, comme je l'ai déja fait remarquer plus haut. Mais une choſe qui me paroît plus digne d'attention, c'eſt la différence qui ſe trouve entre les cryſtaux ſupérieurs & les cryſtaux inférieurs que l'on voit dans un même morceau de mine ; en effet, j'ai obſervé que lorſqu'on prend deux eſſais d'un poids égal d'une même mine & d'une même pureté, avec la ſeule différence de chercher de quoi faire un eſſai parmi les cryſtaux qui s'avancent le plus, & de quoi faire un ſecond eſſai dans la partie qui eſt au-deſſous de ces cryſtaux, &

qui eſt ordinairement compacte & opaque, le dernier eſſai donnera une quantité de métal ſenſiblement plus grande que le premier : cela prouve clairement, 1° qu'à la partie ſupérieure il y a plus d'arſénic qui ſe dégage dans le grillage & dans la fuſion, & qui emporte en même tems une portion conſidérable du métal. 2° Que c'eſt à l'arſénic que les cryſtaux ſont redevables de leur figure, puiſque nous voyons que tous les autres métaux, quand ils ſont ſous une forme cryſtalliſée dans leurs mines, ſont très-chargés d'arſénic, & ont à la baſe des cryſtaux plus de parties métalliques fixes, qui ſont moins arſénicales, & qui n'en ont que ce qu'il faut pour leur minéraliſation. On s'appercevra aiſément que dans ce que je viens de dire, j'ai eu particuliérement en vûe la mine d'argent rouge.

Il n'y aura pas lieu d'être ſurpris en voyant que ſouvent on trouve enſemble tant de différentes eſpéces de mines & de métaux, ſi l'on fait attention que, ſuivant la remarque de Bécher & de Stahl, la terre qui leur ſert de baſe eſt la même. Quoique nous connoiſſions aſſez bien ce qui entre dans la minéraliſation des métaux, il eſt pourtant rare que l'on réuſſiſſe à faire artificiellement des mines d'une auſſi grande beauté que celles que la nature nous préſente; & Reſpur a raiſon de dire dans ſes rares expériences ſur l'eſprit minéral, que *ſon marchepied eſt caché au centre des corps*. Il ſeroit encore plus difficile de donner des regles certaines ſur la conduite que tient la nature dans la minéraliſation des métaux, attendu qu'eu égard au tems & aux circonſtances, une mine ſe préſente ſous des aſpects différens: en effet, tant que dans le ſein de la terre les métaux ſeront formés, mûris & décompoſés de nouveau, il ſera impoſſible de rendre raiſon de toutes ces opérations de la nature. Cependant l'expérience, les collections de minéraux, & l'exploitation des mines prouvent qu'il ſe fait une décompoſition des métaux, puiſqu'on trouve ſouvent des nids, ou des cavités entieres remplies de métaux décomposés. Les Mineurs disent alors qu'*ils sont venus trop tard*. Nous allons donner en peu de mots nos conjectures sur la maniere dont cela peut arriver.

Nous connoissons les principes qui composent les métaux, aussi bien que les mines, & nous sçavons que les uns & les autres peuvent être promptement & intimement développés, au moyen de dissolvans convenables; il est vrai que ces dissolvans ne se trouvent point dans le sein de la terre d'une façon aussi sensible que dans le laboratoire d'un Chymiste, où l'on voit de l'esprit de nitre, de l'esprit de sel, de l'acide vitriolique, &c; mais ils sont beaucoup plus subtils dans la terre. Et qui est-ce qui ne voit pas que le Chymiste est lui-même obligé de les aller chercher dans la terre? il ne fait que les rendre plus puissans & plus efficaces par la concentration, c'est-là pourquoi leur action est plus prompte que dans le sein de la terre.

Nous allons examiner quatre de ces agens ou dissolvans.

Le premier est l'air qui est renfermé dans la terre. Quand il est comprimé dans les fentes de la terre, il est en état d'agir par lui-même avec plus de force sur les métaux, il le fait aussi bien sur les métaux natifs ou tout formés, que sur leurs mines. Quand cet air est chargé de sels acides & sur-tout vitrioliques, il a encore plus de force pour agir sur les métaux, ou sur la partie terrestre des mines, pour la redissoudre & la diviser de nouveau en particules aussi déliées que celles dont elle a été formée. C'est donc l'air qui est propre à rendre les mines & les métaux visibles sous terte, & à les rendre volatils; c'est lui qui agit continuellement sur ces substances, & qui, suivant le corps qui lui est présenté, tantôt l'aide à parvenir à sa perfection, tantôt lui enleve sa forme, pour lui en faire prendre une nouvelle par la suite. Car pour détruire un corps au point que ses particules les plus déliées fussent entiérement perdues & anéanties, cela n'est possible ni à l'air, ni à aucun autre dissolvant.

L'eau est le second moyen que la nature emploie pour la décomposition des métaux. Nous pouvons juger de son efficacité par la rapidité avec laquelle les eaux que l'on appelle *cémentatoires*, dissolvent le fer qu'on y laisse tremper ; ces eaux sont très-chargées d'acide vitriolique, & plus il y en a, plus la dissolution se fait promptement. Il est rare de trouver dans les souterreins des mines une eau parfaitement pure; qu'elle soit peu ou beaucoup chargée d'acide vitriolique, elle ne laissera pas toujours que d'agir plus ou moins promptement sur les mines & sur les métaux, & de détruire leur liaison.

Le troisieme dissolvant est souvent dans la combinaison des mines & des métaux même, c'est l'arsénic. Nous avons parcouru plus haut les principes qui composent les métaux & leurs mines ; & le Lecteur se souviendra que la plûpart de ces mines, & ſur-tout celles d'argent contiennent beaucoup d'arſénic ; l'argent natif, entre autres, & particuliérement celui qui eſt en petits filets comme des cheveux, en contient ordinairement plus que celui qui eſt en feuillets, & plus que les mines d'argent rouges, blanches & griſes. Cet arſénic doit être regardé comme une ſubſtance mercurielle, dont la propriété principale eſt d'être toujours en mouvement ; ainſi il agit continuellement ſur le métal ou ſur ſa mine ; il en pénetre, ſuivant ſa coutume, toutes les particules déliées, & par-là il les diſſout intimement. L'art nous offre pluſieurs manieres d'imiter cette opération, & je pourrois citer ici un grand nombre d'expériences qui le prouvent, ſi je ne craignois de me jetter dans trop de longueurs. Je me contenterai donc de renvoyer à l'expérience de la mine d'argent vitreuſe que j'ai rapportée un peu plus haut, pour expliquer la volatiliſation de l'argent dont parle Henckel. Un grand nombre de mines de cobalt, & même la plûpart fourniſſent encore une preuve plus forte de ce que j'ai avancé ; elles contiennent communément de l'argent, mais plus elles ſont chargées d'arſénic, moins on en peut tirer de métal par la fuſion ; en effet, auſſitôt que l'arſénic en eſt dégagé dans le premier feu, il emporte avec lui, ſinon tout, du moins une grande partie de l'argent, & même l'arſénic n'a pas toujours beſoin du feu pour cela ; étant toujours mobile & agiſſant, comme nous l'avons dit, il décompoſe à l'air ſeul, les mines tombent en efflorefcence, & les vapeurs ou émanations arſénicales attaquent même les morceaux de mines qui ſont dans leur voiſinage, & font qu'elles ſe décompoſent, comme on le voit dans le cobalt qui ſe tire à Annaberg de la mine nommée *des dix mille cavaliers*, à qui l'on donne pour cette raiſon le nom de *rapace*, parce qu'il détruit & décompoſe les morceaux de mine qui ſont auprès de lui. Il n'eſt donc pas néceſſaire de m'arrêter plus long-tems ſur une chose qui est prouvée par l'expérience journaliere.

Il en est à-peu-près de même du soufre. Il cause aussi beaucoup de décompositions, & forme de nouveaux produits avec les mines & les métaux qui ont été décomposés. Cette substance agit puissamment sur les métaux, à cause de la grande abondance d'acide qu'il contient, qui détruit leur tissu & leur liaison, & les dissout. Si le soufre est dans une juste proportion avec le métal, il forme une nouvelle espéce de mine; tantôt ce sera une mine d'argent vitreuse, tantôt une pyrite cuivreuse, tantôt une mine de plomb, &c; il arrête même la force destructive de l'arsénic & du mercure. C'est aussi pour cela que le coup d'œil extérieur nous fait voir leur différence. Le soufre seul rend les mines opaques & d'une couleur foncée, au lieu que la grande quantité d'arsénic leur donne un certain degré de transparence semblable à celle des crystaux, & les rend d'un tissu plus fin; c'est ce qu'on peut voir dans les mines d'argent rouges & cornées, & dans les mines de plomb vertes de Zſchopau. L'action du ſoufre eſt encore plus prompte lorſque le feu vient à ſon ſecours; en effet, comme il ne ſe dégage pas auſſi promptement que l'arſénic, il fait dans le feu des changemens & des nouvelles combinaiſons avec les métaux. Pour prouver ce que je dis, je vais rapporter les obſervations qui ont été faites depuis quelque tems ſur l'action du ſoufre & de l'acide vitriolique ſur les pierres ſtériles, ou non chargées de mines. Je dois cette découverte à M. Hoffmann, Greffier des mines de Saxe, & Directeur des fonderies à Freyberg. Cet homme verſé dans les connoiſſances de ſon état, me fit voir dans une des fonderies de cet endroit, une pierre verte & demi-tranſparente qui reſſembloit à du vitriol, & il m'aſſura que c'étoit un ſimple *Gemſſ* *, c'eſt-

* On nomme *Gemſſ* dans les mines d'Allemagne, la roche qui ſe trouve immédiatement au-deſſous de la terre végétale, ou de la terre qui eſt à la ſurface d'une montagne. L'Auteur a donné un Mémoire

à-dire, une pierre ou roche ſtérile & non métallique, mais aſſez compacte, dont on ſe ſert pour faire le ſol des fourneaux de grillage. L'action du feu & de l'acide vitriolique qui ſe dégage des pyrites qui s'y grillent journellement, rend cette pierre ſi tendre qu'à la fin elle eſt preſque entiérement miſe en diſſolution ; cet acide ſe loge dans ſes pores, la métalliſe, & en fait de cette maniere une mine de cuivre aſſez riche. Je pourrois encore citer pluſieurs autres expériences du même genre, mais il ſuffit de rapporter un ou deux exemples de chaque choſe. Nous traiterons inceſſamment plus au long des nouvelles combinaiſons qui ſe font à l'aide de l'air & d'autres agens, mais nous avons encore une petite obſervation à faire auparavant ; elle a pour objet les expériences ſur les terres & pierres ordinaires avec les métaux & les mines. M. Pott nous a donné aſſez d'ex-

détaillé ſur ce phénomène, on en trouvera la traduction à la fin du premier volume de cet Ouvrage.

périences sur les terres, dont il a fait voir les propriétés avec les sels, & lorsqu'elles sont mêlées les unes avec les autres. M. Ludwig nous a aussi enrichi de plusieurs belles observations ; mais je crois que nos découvertes iroient encore beaucoup plus loin sur les terres & pierres, si l'on avoit occasion de les essayer avec les métaux. Il seroit donc à souhaiter que quelqu'un entreprît ce travail, & y mît la dépense convenable. Il y a lieu de croire que cela conduiroit à la découverte d'un grand nombre de nouvelles vérités, ou du moins cela jetteroit plus de jour sur celles qui sont déja connues. En effet, de même que la calamine peut changer le cuivre, il ne paroît pas décidé si d'autres terres ne produiroient pas le même effet sur d'autres métaux, & ne seroient pas propres à changer leur couleur, leur pesanteur, peut-être même à perfectionner & exalter leur essence. Au moins n'avons-nous pas d'expériences qui en prouvent l'impossibilité.

Nous avons jusqu'à présent considéré les principes qui composent les métaux, leur liaison, ce qui peut être utile à leur production & à leur formation, & les causes de leur décomposition. Nous allons actuellement, pour terminer cette Section, parler des agens ou causes qui operent la formation des métaux. Il faut que je rappelle au Lecteur que par agens ou causes, j'entends les moyens corporels dont la nature se sert pour lier les parties élémentaires dont les métaux sont composés, & pour les présenter à nos yeux, soit sous la forme d'un métal, soit sous celle d'une mine. Nous en avons déja dit quelque chose en différens endroits, il suffira donc d'en parler ici en peu de mots. Par la définition que je viens de donner des agens, on voit que je ne prétends point parler ni d'un *esprit universel du monde*, ni de l'*Archeus*, ni d'autres semblables êtres imaginaires, auxquels nous n'avons pas besoin d'avoir recours : quand on peut assigner des causes sensibles & palpables, il n'est pas nécessaire d'avoir recours à des suppoſitions. Nous aſſignerons donc ſix cauſes productrices qui ſont, 1° la propriété des parties métalliques, 2° l'air, 3° les eaux ſouterreines, 4° le mouvement interne & l'échauffement des parties métalliques, 5° la chaleur extérieure du ſoleil, 6° les minieres ou matrices des métaux. Nous allons parler en peu de mots des cinq premieres cauſes, nous réſerverons la ſixieme pour la Section ſuivante.

Quant aux propriétés des parties élémentaires des métaux, elles ſont d'une petiteſſe infinie, mais comme elles ont de la diſpoſition à s'unir, il faut néceſſairement que leur peſanteur augmente peu-à-peu, au point de ne pouvoir pas demeurer plus long-tems dans les fluides où elles étoient ſuſpendues, tels que ſont l'air & l'eau ; alors leur poids les force à retomber, & à s'attacher à quelque corps ſolide. Mais comme on ſçait que leur peſanteur varie infiniment, on ſentira aiſément pourquoi un métal s'attache ou tombe plus promptement, en plus grande quantité, & devient plus compact qu'un autre. C'est pour cela qu'on voit que l'or s'attache communément à la roche sous la forme de petites paillettes, parce qu'il est le plus pesant des métaux ; par conséquent ses parties les plus petites sont déja assez pesantes pour s'affaisser & chercher leur point de repos ; les lames ou paillettes de l'argent sont plus grandes, car il ne s'agit point ici des végétations métalliques produites par la décomposition. C'est pour cette raison que le cuivre qui est dans les eaux cémentatoires sous la forme d'un vitriol, y demeure très-longtems suspendu sans se précipiter, parce qu'étant un métal chargé de beaucoup de sel, il a beaucoup de disposition à s'unir avec l'eau, ce qui n'arrive point aux autres métaux. Beaucoup d'eaux minérales, thermales & acidules prouvent ce que je dis ; il n'est donc pas besoin d'arrêter long-tems le Lecteur sur cet article, je passe aux quatre autres causes.

Je vais donner la traduction du

dix-huitieme paragraphe de l'Ouvrage de M. Hoffmann, que j'ai déja cité, & j'en dirai mon sentiment. Voici comme il s'exprime : « Il faut à présent dire encore quelque chose sur les causes de la formation des métaux ; j'ai déja fait observer plus haut au §. 13, que quelques Auteurs ont recours à un *esprit*, & d'autres à des causes purement méchaniques, pour expliquer ces phénomènes ; mais je crois que l'ancien adage peut avoir lieu ici, & que l'effet indique la cause. Personne ne peut nier que Dieu n'ait créé tout l'univers, & qu'il n'ait en même tems créé au fond de la terre les métaux & les mines. Mais l'expérience nous apprend que cet effet se produit encore actuellement, & qu'il se forme journellement des métaux ; cela arrive par la faculté que Dieu a imprimée aux causes physiques, & qu'elles ont conservée jusqu'à présent. On demandera laquelle de ces causes naturelles agit dans la production des métaux ; je réponds à cela

» qu'il y en a plusieurs, parmi lesquelles la premiere est l'air. Nous voyons que non-seulement il environne notre globe, mais encore qu'il pénétre jusques dans ses parties les plus profondes & les plus cachées. L'expérience nous apprend aussi que l'air qui pénetre dans le sein de la terre, & qui contribue à la production des métaux, est différent de celui dans lequel nous vivons.

» Lorsque les Mineurs poussent leurs puits & leurs galleries à une trop grande profondeur, pour que l'air extérieur puisse y parvenir, ils ne peuvent plus respirer, & leurs lampes ne peuvent plus brûler; la même chose arrive, lorsque la moufette vient à s'élever & à passer par des souterreins, où d'ordinaire les ouvriers travaillent commodément & sans crainte. J'ai fait voir dans le §. 15 que la formation des métaux s'opere souvent dans les vapeurs & exhalaisons, c'est-à-dire, dans l'air souterrein qui est rempli de particules &

» d'émanations, & que les parties
» élémentaires des métaux s'unissent
» & prennent une consistence solide
» & dure, jusqu'à ce qu'elles pro-
» duisent un corps métallique visi-
» ble ; il n'est donc pas difficile de
» croire que cet air est très-différent
» de l'air extérieur : en effet, il a la
» vertu de tenir suspendues des par-
» ties aqueuses, salines, sulfureuses,
» arsénicales, & même des parties
» métalliques très-pesantes, il faut
» donc qu'il soit plus grossier & plus
» dense. C'est aussi pour cela que la
» formation & la maturation des mé-
» taux sont arrêtées par le concours
» de l'air extérieur, comme les Mi-
» neurs le pensent. Car c'est-là ce
» qu'ils veulent exprimer par la façon
» dont ils parlent, en disant qu'*ils*
» *sont venus trop tôt* ; par-là ils veu-
» lent indiquer qu'en mettant le filon
» à découvert, ils ont donné l'entrée
» à l'air, & ont empêché la produc-
» tion de chaque métal. L'air exté-
» rieur étant beaucoup plus froid
» & plus subtil, celui qui étoit ren-
» fermé, devenu propre à la pro-

» duction des métaux, se dilate, se
» raréfie & se mêle avec l'air exté-
» rieur, cela empêche que les par-
» ties métalliques ne soient conser-
» vées, & ne se combinent & se lient
» convenablement. Je ne parle point
» des particules de l'air qui s'insi-
» nuent dans la mixtion métallique,
» comme je l'ai fait voir au §. 12,
» & je suis convaincu que leurs par-
» ties ne s'accordent pas pour la gran-
» deur avec celles de l'air extérieur.
» Outre que l'air contribue beau-
» coup à la formation des métaux
» par sa nature, il la facilite encore
» considérablement par son mouve-
» ment : par le mouvement interne
» les vapeurs sont élevées, compri-
» mées, poussées & repoussées, con-
» densées & raréfiées, de sorte qu'il
» faut qu'il se produise des change-
» mens & des combinaisons infinies
» entre les parties les plus déliées.
» Quelle force n'ont pas outre cela
» les violentes secousses de l'air &
» les effets des exhalaisons souter-
» reines ? Je ne m'arrêterai point à
» faire voir en détail comment tantôt

» elles écartent plusieurs des obsta- » cles qui s'opposent à la génération » des métaux, tantôt elles apportent » d'ailleurs les parties qui manquoient » encore pour qu'elle pût s'opérer, » en fournissant, par exemple, des » particules terrestres à celles qui » sont salines, & en joignant de la » matiere inflammable aux unes & » aux autres.

» Les eaux procurent les mêmes » avantages. Nous en trouvons de » deux espéces, sur-tout dans les » souterreins; il y en a qui passent au » travers de la terre qui sert de cou- » verture aux mines, elles viennent de » l'air extérieur; d'autres, suivant » le sentiment de Scheuchzer & de » Woodward, viennent du fond des » abysmes. Ces deux espéces d'eaux » servent à préparer, à dissoudre, à » combiner, à diviser, à fixer les par- » ties élémentaires des métaux, & » tantôt elles fournissent quelque » chose pour la formation des va- » peurs, tantôt elles se chargent des » vapeurs superflues. Je crois qu'elles » sont sur-tout très-nécessaires aux

» mines qui ont la transparence & » la forme des crystaux, ou à celles » que l'on peut démontrer avoir été » formées goute à goute. Je n'en- » treprendrai cependant point de dé- » cider, si ces eaux simples, ou mê- » lées de quelques principes métal- » liques, passent au travers des fen- » tes des pierres ou des fossiles, com- » me par autant de tuyaux, se pu- » rifient & s'élevent ainsi dans l'air. » Je ne fais pourtant point difficulté » d'affirmer, que par leur mouve- » ment & par le contact elles dépo- » sent de côté & d'autre des parties » métalliques ou des mines, elles en » détachent, & les entraînent avec » elles par les premieres ouvertures » qui se trouvent propres à leur don- » ner passage, & sont portées par » elles à la surface de la terre, dans » les rivieres & dans une infinité » d'autres endroits, même dans la » terre & dans les fentes où elles » s'attachent, parce que leur volume » les empêche d'aller plus loin.

» Je mets encore au nombre de » ces causes le feu souterrein & la

» chaleur;

» chaleur ; l'expérience journaliere » & un grand nombre d'ouvrages » prouvent l'exiſtence de cette cha- » leur : il n'importe point de ſçavoir » à quelle cauſe ſouterreine l'on doit » attribuer ces effets, pourvû que » l'on convienne avec moi qu'elle » contribue à la formation des mé- » taux. En effet, cette chaleur faci- » lite l'élévation des vapeurs, la ra- » réfaction & la dilatation de l'air » qui eſt dans le ſein de la terre ; » elle augmente ſon mouvement & » celui des eaux qui s'y trouvent, » & par conſéquent elle aide à mettre » en action les principes qui com- » poſent les métaux ; elle les fait agir » les uns ſur les autres, les éleve » & les combine ; elle fait que les » mines s'amaſſent, végetent, ſe cryſ- » talliſent, ſe diviſent & pénetrent » dans les matrices ou minieres. Il » faut pourtant que cette chaleur ſoit » modérée & déterminée. Car com- » me on trouve rarement des métaux » dans les endroits de la terre où il » y a un embraſement réel, & comme » d'un autre côté on ne fait que ſentir

» une chaleur tempérée dans les lieux » où l'on trouve beaucoup de mé- » taux & de mines, on conçoit que ce » degré de chaleur modéré eſt celui » qui convient le mieux à la nature » pour qu'elle produiſe des métaux.

» Il y a des gens qui prétendent » que l'influence des aſtres contri- » bue à la formation des métaux ; » mais il me ſemble que le mouve- » ment des aſtres y eſt tout-à-fait » inutile, à l'exception du ſoleil ; ce » n'eſt pas que je croie qu'il en parte » des émanations corporelles, ou » qu'avec Faber je regarde cet aſtre » comme un globe d'or, mais je penſe » que ſes rayons peuvent pénétrer » en tous lieux, comme je viens de » le dire du feu ſouterrein. Je con- » viens cependant que le ſoleil peut » contribuer beaucoup à la forma- » tion ou à la végétation des mé- » taux dans la premiere couche de » la terre ; c'eſt ce qui arrive ſou- » vent, comme l'expérience le con- » firme ; & comme je le ferai voir ail- » leurs en parlant de l'or. Enfin nous » mettons au rang des cauſes les ma-

» trices ou minieres des métaux, dont » nous traiterons en particulier ». C'est M. Hoffmann qui a parlé jusqu'ici.

Le contact de l'air extérieur agit de deux manieres sur les métaux ; tantôt il aide à les former, tantôt il contribue à les détruire, ou du moins à empêcher leur formation. Mais avant que d'examiner en détail cette opération, il est à propos de voir la différence qui se trouve entre l'air extérieur & l'air qui est sous terre. L'air extérieur est subtil, pénétrant, fluide, très-mobile ; au lieu que l'air souterrein est beaucoup plus dense ; il est, à la vérité, aussi pénétrant que l'autre, & même plus, mais son mouvement n'est point si rapide. Je suppose ici que chacune de ces deux espéces d'air agisse séparément, car comme ils sont ordinairement mêlés ensemble, l'un a dû communiquer quelques-unes de ses propriétés à l'autre. Je crois n'avoir pas besoin de démontrer les qualités que j'ai attribuées à l'air extérieur, attendu que l'expérience journaliere les prouve ſuffiſamment à tout le monde : c'eſt pourquoi je ne parlerai que de l'air ſouterrein. Perſonne ne ſera ſurpris que ce dernier ſoit beaucoup plus denſe, ſi l'on ſe rappelle ce que j'ai dit plus haut ; en effet, il faut qu'il le ſoit, puiſqu'il eſt rempli de particules métalliques, & qu'il eſt chargé de principes qui ſervent à minéraliſer ces mêmes particules métalliques, & que plus il en eſt chargé, plus il doit être denſe. Nous voyons la même choſe dans l'air extérieur en été ; quand il eſt échauffé, il diſſout dans la terre différentes ſubſtances ſulfureuſes & nitreuſes, il s'en charge & s'en remplit, ce qui le rend plus épais ; ces parties ſont dans un mouvement rapide, par-là elles s'échauffent, enfin elles finiſſent par s'allumer tout-à-fait, ce qui produit les éclairs & le tonnerre. Dans le cas que je viens de citer, il n'y a que du ſoufre & du nitre mêlés enſemble, il ne s'y trouve point de matieres fixes au feu, au lieu que dans l'air ſouterrein non-ſeulement on trouve ces deux choſes, mais encore on y trouve des parties métalliques, il eſt donc très-naturel qu'il ſoit encore plus denſe. L'expérience le prouve auſſi à ceux qui travaillent dans les endroits où la nature a placé les mines les plus riches, car c'eſt-là que l'air eſt le plus peſant & le plus malſain, au lieu que l'air eſt beaucoup meilleur dans les endroits où ſe trouvent des mines de moindre valeur, telles que ſont les mines de plomb, de cuivre, &c; parce qu'ils ne ſont point remplis d'une ſi grande quantité de parties métalliques & minérales. Nous remarquons auſſi ſur la terre que pendant l'hyver, ſur-tout dans les grands froids, l'air eſt communément plus ſubtil, plus pur & plus pénétrant. Nous voyons encore la denſité de l'air ſouterrein qui ſe montre à la ſurface de la terre; en hyver, lorſque l'air extérieur eſt pur, quand le ſoleil vient à darder ſes rayons ſur un lieu un peu élevé, on obſerve aſſez ſouvent qu'il s'éleve de la terre des parties déliées & mobiles, qui cependant s'élevent rarement au-delà de trois, quatre, à cinq pieds au-dessus de terre. J'en ai déja parlé au §. 16 de mon *Traité des Moufettes*, j'y renvoie donc le Lecteur. J'ai dit aussi que l'air extérieur étoit pénétrant, mais que l'air souterrein l'étoit encore plus ; le premier a cette propriété à cause de la subtilité & de la pureté des parties qui le composent ; le second la possede à cause des parties mercurielles, arsénicales & sulfureuses dont il est chargé : ces principes sont encore plus pénétrans que ceux qui composent l'air le plus subtil qui ne peut point s'ouvrir un passage au travers des pierres solides, tandis que l'air souterrein pénetre peu-à-peu les corps les plus compacts, les dilate, & y porte les parties métalliques & minérales, avec lesquelles il est combiné. Nous en dirons davantage là-dessus en parlant de la maniere dont il agit sur les corps.

J'ai dit que le mouvement de l'air extérieur étoit beaucoup plus rapide que celui de l'air souterrein ; cela vient de ce que ce dernier est plus chargé de particules pesantes, & de ce qu'il n'a pas un ſi grand eſpace, ni par conſéquent autant de jeu que l'autre ; en effet, nous voyons que dans les lieux ſouterreins où ſe trouvent de grandes excavations, l'air eſt beaucoup plus frais que dans ceux où il n'y a que des paſſages bas & étroits. Je ne diſconviens pas qu'on ne puiſſe encore trouver d'autres preuves de la différence qui eſt entre ces deux eſpéces d'air ; on pourroit les emprunter des Mathématiques, de l'aërométrie, de l'hydroſtatique, &c ; mais ſans m'arrêter là deſſus, je vais paſſer à la maniere dont ils operent.

J'ai dit que l'air extérieur contribuoit beaucoup à la formation des métaux : avant que de traiter en particulier de ces ſubſtances, je vais montrer en peu de mots comment il agit dans la formation des pierres. On ſçait que toutes les pierres ont été molles dans leur origine ; elles étoient alors compoſées d'une terre ſubtile mêlée avec une plus ou moindre quantité d'une matiere fluide & aqueuſe. Ce mêlange a conſervé ſa fluidité, tant que la partie aqueuſe y eſt demeurée; ce n'eſt qu'après qu'elle en a été dégagée, qu'il a acquis de la dureté. Ce ſentiment n'eſt point nouveau, il étoit déja connu des Anciens ; car Papinius Statius dit au Livre I. de ſes Forêts :

Raraque longævis nivibus cryſtalla gelari.

Que *le cryſtal ſe forme de neiges qui ont long-tems ſéjourné ſur la terre.* Et Lucain dit dans ſes Epigrammes :

Poſſedit glacies naturæ ſigna prioris
Quâ ſit parte gelu, frigora parte negat.

La glace poſſédoit les marques de ſon premier être, une partie ſe congele, & l'autre réſiſte au froid. Diodore de Sicile dit à la fin de ſon troiſieme Livre, « Que le cryſtal eſt formé » d'une eau pure congelée, non par » la chaleur, mais par une puiſſance » toute divine de la chaleur qui fait » qu'il conſerve ſa dureté & prend » différentes couleurs ». Scheuchzer parle à peu-près ſur le même ton dans ſon *Hiſtoire naturelle de la Suiſſe*, imprimée à Zurich en 1700, sect. 12. art. 5. page 24. Et Henckel s'énonce encore plus clairement dans son Traité *de Lapidum origine*. Dans ce cas l'air ne fait que précipiter les particules terrestres qui sont dans l'eau, en s'unissant avec une portion de cette eau, dont une partie par-là se dégage & demeure toute pure; alors la terre se desséche, & ses petites particules se lient étroitement les unes aux autres. Nous en voyons une preuve dans les stalactites & concrétions qui se forment dans les souterreins des mines, dans les *tophus* ou incrustations que l'on trouve dans la plûpart des eaux thermales, & dans les ardoises qui n'ont été dans leur origine qu'un limon mou & fluide. L'art nous en fournit lui-même une preuve : je ne veux point parler ici du séchement des vaisseaux de terre des potiers, ni des tuiles, je parlerai plutôt de l'expérience qu'Henckel rapporte dans ses *Opuscules minéralogiques*; il a trouvé des crystaux réguliers dans de l'urine qui avoit été conservée pendant quatre ans dans un matras de verre bien bouché : ces cryſtaux n'étoient point des ſels, mais des pierres inſolubles dans l'eau. S'il m'eſt permis de donner mon ſentiment là-deſſus, je dirai qu'il me ſemble que dans cette expérience la terre ſubtile contenue dans le ſel marin dont nous faiſons un uſage journalier, s'eſt dégagée, & comme elle nâgeoit à la ſurface, elle a été durcie par l'air qui étoit encore contenu dans le matras, & a pris une forme cryſtalliſée par la portion de ſel avec laquelle elle étoit encore unie, quoiqu'en très-petite quantité. Cette expérience devient encore plus claire par une autre rapportée dans le même Ouvrage. On emploie pour la faire une pyrite & une diſſolution alcaline. Mais rien ne peut plus contribuer à expliquer ce phénomène que l'expérience ſuivante. On mit en fuſion du verre avec une quantité convenable de ſel alcali : auſſi-tôt après avoir vuidé du creuſet cette matiere fondue, on verſa deſſus de l'urine pour la diſſoudre, on laiſſa le tout en repos pendant une nuit ; le ſoir il ne s'étoit fait qu'une ſimple diſſolution, mais le lendemain matin, quand on voulut la filtrer, tout étoit devenu comme une gelée tenace, à qui la chaleur même ne pouvoit point rendre ſa fluidité ; en peu de tems cette matiere devint dure comme une pierre, elle étoit brune & tranſparente ; après l'avoir pulvériſée & édulcorée, au point de n'y plus remarquer rien d'alcalin ni d'urineux, je la fis rougir, c'étoit un quartz blanc que la fuſion convertit en verre. On remarquera que ces petites pierres, lorſqu'on les faiſoit rougir fortement, avoient l'odeur de l'arſénic. Cette expérience nous montre les différens degrés de la formation des pierres. Tout étoit d'abord en diſſolution, enſuite on a eu une gelée tenace & viſqueuſe, enfin le tout devint dur, & forma une pierre ; il y a lieu de croire que cela eſt arrivé par le contact de l'air, car cette matiere gélatineuſe s'étoit parfaitement précipitée, & s'étoit amaſſée au fond du vaiſſeau. Nous voyons par-là que le durcissement des pierres ou la pétrification des terres humides & molles vient en grande partie de l'action de l'air extérieur. La différence qui se trouve entre les pierres ne vient donc que de ce qu'il s'est trouvé dans l'eau une terre plus ou moins grossiere, comme je l'ai fait remarquer plus haut, en parlant du spath & du grais.

L'air extérieur agit outre cela sur l'air souterrein en précipitant les parties métalliques & minérales qui s'y trouvent; pour lors il produit le même effet qu'une grande quantité d'eau versée dans la dissolution d'un métal, faite par les voies ordinaires de la Chymie. En effet, nous avons déja dit que l'air souterrein est devenu plus dense par les parties dont il est chargé; il faut donc qu'il devienne plus leger par sa jonction avec l'air extérieur; par conséquent il n'est plus en état de soutenir des corps pesans, & il est obligé de les laisser retomber. Si ces corps sont purement métalliques, ce qui est pourtant assez rare, il ſe forme du métal vierge & pur; mais ſi ces corps ſont mêlés avec des ſubſtances minérales, par leur précipitation il ſe forme une mine, c'eſt-à-dire, du métal combiné avec une ou pluſieurs ſubſtances minérales. Auſſi-tôt que l'air a produit la précipitation de l'une ou l'autre de ces ſubſtances, & qu'il en a ſéparé la partie aqueuſe, il contribue encore à les durcir. Dans cette opération il ſuit la même route que dans celle par laquelle il durcit les pierres. Nous en avons un exemple dans les *guhrs* durcis qui ſont ſouvent riches en métaux; il m'en eſt tombé une eſpéce entre les mains qu'on diſoit venir de Freyberg, dont le quintal donnoit un demi-marc; cependant ce n'avoit été dans ſon origine qu'une incruſtation qui, à en juger par le coup d'œil, s'étoit attachée aux parois d'une gallerie où l'on avoit travaillé anciennement. Mattheſius rapporte dans le troiſieme Sermon de ſon livre intitulé *Sarepta*, que ſouvent on a trouvé un *lac montanum*, qui après avoir été exposé à l'air s'est durci, & a produit de l'argent. Ce qui prouve clairement que l'air contribue au durcissement des métaux. On peut encore consulter là-dessus Lohneiss dans *sa Description des mines* pag. 19, édition in-fol., & Thomas Schreiber sur *l'origine des mines du hartz.* Voilà ce que nous avions à dire sur l'utilité dont l'air extérieur est pour la formation des métaux; nous allons maintenant examiner en peu de mots l'air souterrein. Ce n'est pas que je le regarde comme d'une essence & d'une nature différente; mais il a été tellement altéré par son mêlange avec des substances étrangeres, qu'on ne peut presque plus le reconnoître. Nous avons déja dit que les métaux sont remplis d'air qui leur vient de leur formation. C'est l'air qui dès le commencement dissout & divise leurs parties élémentaires, au point de pouvoir y être suspendues; il opere cet effet parce que par lui-même il est un corps fluide & délié qui pénetre les corps solides dans les plus grandes profondeurs de la terre, qui les dilate peu-à-peu, & qui par-là les met hors d'état de résister à son action; il faut donc qu'il leur enleve continuellement les parties simples qu'il est capable d'accrocher, & qu'il en retienne plus ou moins, à proportion qu'elles sont plus ou moins subtiles.

Il n'est pas douteux que l'air ne commence par agir sur les minéraux qui ont moins de force pour lui résister que les métaux; c'est pour cela qu'il se charge plutôt de parties sulfureuses, arsénicales & salines, que de parties métalliques. C'est ce que nous voyons dans l'efflorescence des pyrites qui s'opere beaucoup plus promptement que celle de la mine d'argent rouge, de l'argent en cheveux, &c. Les minéraux sont aussi plus susceptibles d'être atténués & divisés, que les métaux: quand de cette maniere l'air est devenu plus dense, il se trouve plus propre à soutenir les particules métalliques qui sont plus pesantes. Nous voyons la même chose dans les métaux décomposés à l'air; d'abord il met en dissolution les parties ſalines & acides qu'il rend volatiles & propres à s'unir avec lui; il attaque enſuite les parties mercurielles ou arſénicales: enfin il agit ſur les parties ſulfureuſes; quand il en vient aux métaux il agit de la même maniere. Voilà pourquoi nous voyons de l'argent ſous la forme de filets ou de cheveux, de la mine d'argent qui reſſemble à de la ſuie, des terres noires qui ſont riches en argent, &c. L'air agit de même ſur les autres métaux, qu'il diſſout, atténue, entraîne avec lui, & garde juſqu'à ce qu'il ait exactement combiné leurs parties élémentaires les unes avec les autres; c'eſt par le mouvement continuel dans lequel il les tient qu'il parvient à ce but; par-là elles deviennent de plus en plus ſubtiles, juſqu'à ce qu'il y en ait une ſi grande quantité que dans le mouvement elles ſe touchent, s'attachent & s'accrochent les unes les autres, deviennent plus peſantes & retombent enfin par leur propre poids, ou elles ſont précipitées par d'autres voies, telles que par l'air extérieur, &c. Si dans ce mouvement perpétuel ces parties élémentaires s'attachent à des molécules métalliques de la même nature, il se forme du métal pur; mais si elles se mêlent avec des substances minérales étrangeres, il se fait une mine.

C'est l'air outre cela qui porte la plûpart des métaux dans les matrices ou minieres: car en pénétrant & passant au travers des terres & des pierres propres à la conception des métaux, il les dilate à un certain point, il y porte en même tems avec lui les métaux dont il s'est chargé, & comme ils ne sont point si déliés que l'air lui même, ils ne peuvent point passer au travers de la pierre aussi promptement que lui; ils y restent donc attachés, forment un morceau de mine, & le fluide subtil de l'air passe tout pur ou n'est plus chargé que des molécules les plus fines. Pour le métal il demeure attaché superficiellement aux pierres les plus compactes dans lesquelles il n'a pu pénétrer.

Ce sont-là les principaux avantages que l'air extérieur & celui des ſouterreins & les mouſettes ou exhalaiſons ſouterreines procurent à la formation des métaux : voyons maintenant de quelle maniere il peut y être nuiſible, & commençons par l'air extérieur. Le premier inconvénient qu'il cauſe dans la formation des mines vient de ce qu'il agit ſouvent avec trop de violence dans le ſein des montagnes, où il pénetre par les fentes & ouvertures qui vont aboutir juſqu'à la ſurface de la terre ; en effet, l'air extérieur environne & pénetre tout notre globe ; tant que cette pénétration ſe fait avec une force égale de tous les côtés ; il n'y a point lieu d'attendre de mauvais effets, la Nature n'eſt point troublée dans ſon travail pour la génération des mines ; c'eſt-à-dire, que pour lors l'air n'interrompt pas ſous terre l'action des cauſes méchaniques qui combinent les parties élémentaires néceſſaires à la formation des métaux : en effet, comme il eſt extrêmement diviſé lorſqu'il pénetre les atteliers ſouterreins, l'air qui s'y trouve

& qui, comme nous l'avons dit, eſt déja plus denſe que lui, eſt en état de réſiſter long-tems à ſon action & à ſa vertu précipitante; mais ſi l'air extérieur vient à ſe joindre en plus grande abondance aux vapeurs métalliques, il empêche qu'elles ne diſſolvent les corps auſſi intimement, qu'elles ne les combinent auſſi parfaitement & qu'elles ne les retiennent auſſi long-tems qu'il ſeroit néceſſaire pour les atténuer, attendu qu'il précipite à la fois non-ſeulement les particules métalliques, mais encore les autres ſubſtances étrangeres qui leur ſont unies. Outre cela ſouvent l'air produit de l'eau ſous terre, cela n'exige point de grandes preuves; en effet, nous ſçavons qu'il fait chaud dans la terre, lorſqu'il fait froid à la ſurface; lorſque l'air froid & l'air chaud viennent à ſe réunir il ſe produit de l'humidité ou de l'eau, & quand il s'en eſt formé une trop grande quantité, l'air qui eſt ſous terre eſt troublé, dans la formation des métaux, & ſouvent même les pierres qui ſont au-deſſous ſont rendues incapables de pouvoir les recevoir dans leur ſein.

De plus l'air extérieur facilite leur décompoſition. C'eſt ce que nous voyons non-ſeulement dans les ſouterreins des mines que l'on exploite, mais encore dans les morceaux de mines que l'on a expoſés au jour; il n'eſt donc pas néceſſaire de s'arrêter à prouver ce que j'avance; je vais ſeulement examiner comment l'air ſouterrein peut être nuiſible aux métaux & à leur formation. C'eſt d'abord en combinant les métaux avec des ſubſtances qui nuiſent à leur perfection, comme nous le voyons dans pluſieurs mines. En effet, la Nature renfermant au-dedans d'elle même le germe de tous les métaux ou au moins de pluſieurs métaux qu'elle tient en mouvement & fait voltiger de côté & d'autre, il n'eſt pas ſurprenant que ſouvent il ſe rencontre des ſubſtances tout-à-fait nuiſibles & oppoſées. C'eſt ainſi que paroît avoir été formée la mine d'étain qui eſt très-ferrugineuſe, & qui ne donne point du tout d'étain ou qui en donne d'une très-mauvaiſe qualité. Je ſerois tenté de dire la même choſe de la mine de plomb, car nous y trouvons de l'or & de l'argent; mais ces parties métalliques ſont enſévelies dans une ſi grande quantité de terre groſſiere, de parties arſénicales, ferrugineuſes & de zinc, qu'il eſt preſque impoſſible de les reconnoître. Il faut pourtant convenir que la difficulté qu'on rencontre à diſtinguer dans ces corps ce qui eſt bon de ce qui ne l'eſt pas, ne vient point tant de la combinaiſon ſinguliere que la Nature a faite, que du peu de ſoin que l'on prend pour connoître les objets nouveaux qui ſe préſentent à nous, & de ce que nous voulons toujours nous en tenir à ce que nous avons appris de nos prédéceſſeurs. C'eſt un reproche que l'on n'a point à faire aux fonderies de Freyberg en Miſnie, où l'on travaille continuellement à de nouvelles expériences & à des découvertes utiles.

L'air ſouterrein décompoſe les métaux auſſi-bien que l'air extérieur; même il agit ſur eux avec plus de force, puiſqu'il eſt chargé d'un plus grand nombre de parties acides ſubtiles, & propres à volatiliſer; cela fait qu'il eſt plus diſpoſé à attaquer les parties ſolides des métaux, à les diſſoudre, à les recombiner avec lui, & à les tranſporter dans d'autres endroits, après leur avoir fait changer de forme. Pour lors les ouvriers des mines diſent qu'ils *ſont venus trop tard*. Mais je ſens que je deviens trop diffus. Conſidérons donc maintenant l'eau.

Nous avons dit dans le cours de cet ouvrage que les métaux ſont formés d'une matiere plus ou moins fluide; il paroît que cette vérité ne demande pas de longues démonſtrations; ce ſentiment a été connu des Anciens. Sendivogius dans ſon *Novum lumen Chymicum*, dit « que tous » les êtres ſont formés par un air hu» mide & une vapeur que les élé» mens font tomber dans l'intérieur de » la terre, au moyen d'un mouvement » continuel. » Il dit encore dans ſon quatrieme Traité, « lorſque les qua» tre élémens font retomber leur va-

» peur goutte à goutte au centre de la » terre. » En un mot, nous voyons que l'eau eſt d'une néceſſité indiſpenſable pour la formation des métaux. 1° Elle aide à les diſſoudre & à les atténuer ; c'eſt ce qu'elle opere ſur-tout ſur les corps qui contiennent des ſels, tels que ſont les mines pyriteuſes ; elle s'unit avec l'acide vitriolique & les tranſporte ſous une autre forme en d'autres endroits, comme on peut le remarquer dans les eaux cémentatoires, &c. Ce fluide eſt donc en état de donner aux parties métalliques une forme plus ſenſible & plus grande, & de les réunir & combiner par ſon mouvement continuel. 2° L'eau contribue auſſi en partie à garantir les métaux de la décompoſition ; l'expérience nous apprend que l'on ne trouve nulle part tant de métal décompoſé qu'aux endroits des ſouterreins où il n'y a ni eau ni humidité, au lieu que c'eſt dans les endroits les plus ſujets aux eaux que ſe trouvent les plus riches mines de plomb qui ne ſont point ſujettes à ſe décompoſer facilement lorſqu'elles ne ſont point mêlées de beaucoup de pyrites. 3° l'eau eſt auſſi aſſez ſouvent une matrice métallique comme on peut le voir dans les eaux cémentatoires, dans les eaux minérales acidules, dans les eaux thermales, &c. Nous aurons encore occaſion de le dire par la ſuite. 4° L'eau entraîne & porte de côtés & d'autres des mines & des métaux, car il eſt très-aiſé de diſtinguer une mine qui s'eſt formée ſur un corps, de celle qui y a été tranſportée par l'eau. 5° L'eau eſt encore très-néceſſaire pour la formation des pierres, comme minieres ou matrices des mines. Comme il ne s'agit ici que de la formation des métaux, je ne parlerai point des utilités que l'on peut retirer des eaux dans les travaux des mines, pour le renouvellement de l'air dans les ſouterreins, ni pour l'utilité méchanique dont elle eſt pour les lavoirs, les boccards, les fonderies, &c; cela m'écarteroit trop de mon objet. Paſſons donc au feu que j'ai dit être la troiſieme cauſe.

Pour

Pour ce qui eſt des effets du feu ou plutôt de la chaleur ſouterreine, on ne peut les révoquer en doute, quoiqu'il ne faille pas s'imaginer que l'on doive ſe repréſenter un feu & des flammes. En effet la chaleur ſouterreine n'eſt produite que par le mouvement rapide des particules déliées & par le frottement & le choc de ces parties les unes contre les autres, qui fait qu'elles s'échauffent; ce qui produit un feu ſouterrein, tel que celui des volcans, ou celui que l'on peut exciter en mêlant du ſoufre avec de la limaille de fer. En un mot, il y a ſous terre un feu que l'on ne voit point & que l'on ne ſent pas comme un feu matériel, mais dont on remarque les effets ſur les métaux & minéraux: on ne peut cependant point nier qu'il ne ſe montre quelquefois ſous la forme d'un feu réel, comme on peut le voir dans différentes mines de charbon d'Angleterre, & d'Allemagne, & dans différentes terres qui ſe ſont embraſées d'elles-mêmes. C'eſt ſur quoi l'on peut lire les *Opuſcules minéralogiques de Henc-*

kel & de *Langius de Thermis Carolinis* Chapitre II. Je pourrois encore citer ici la feconde Partie de Bafile Valentin depuis la pag. 157 jufqu'à 175 où il rapporte tant de différentes efpéces de feu auxquelles il donne des dénominations fi fingulieres, & où l'on trouve le feu diftingué en *feu chaud* & *feu froid*.

Le fentiment de ceux qui croient aux influences des planetes fur les métaux n'eft pas moins ridicule, il ne mérite point d'être réfuté, on en fent affez le vuide. D'abord ces corps font à une fi grande diftance de la terre que nos yeux peuvent à peine les voir, comment pourroient-ils agir fur notre globe. En fecond lieu, les planetes font à la vérité des corps folides, mais leur atmofphere ne touche point au nôtre & d'ailleurs la lumiere que nous y remarquons n'eft qu'empruntée du foleil, qui lui-même ne peut contribuer que très-foiblement à la formation des métaux; en effet fa chaleur eft bien éloignée de fe faire fentir dans les entrailles de la terre ; auffi ne voyons-nous pas qu'elle faſſe beaucoup de productions métalliques dans la terre, elle contribue tout au plus aux végétations métalliques qu'on rencontre dans la premiere couche de la terre, à former l'or qui ſe trouve dans les racines des ſeps de vignes, dans les raiſins, l'argent dont on a trouvé quelquefois des morceaux très-purs ſur les racines des arbres, &c. Cependant comme on a remarqué que les métaux & ſur-tout l'or ſemblent affectionner l'expoſition du midi; on ne peut, ſelon moi, en donner de raiſon plus plauſible qu'en diſant que le ſoleil par ſa chaleur échauffe les fentes des montagnes, & raréfie l'air extérieur qui les comprime & agit ſur elles, & par-là l'empêche de troubler par ſon impulſion violente l'air ſouterrein dans l'opération de la formation des métaux, comme nous l'avons déja dit plus haut. C'eſt-là le ſeul corps céleſte dont nous ne puiſſions point nier l'influence, quoique nous ayions des raiſons pour la renfermer dans des bornes aſſez étroites. Les partiſans des influences ont eté suffisamment réfutés, je ne m'arrêterai donc pas davantage sur cette matiere. Il nous reste encore à parler de la sixieme cause agissante, qui sont les matrices ou minieres des métaux ; nous allons en traiter dans la Section suivante ; mais je crois devoir avertir préalablement que j'entends par-là les parties déliées qui ne sont point métalliques par elles-mêmes, mais qui ont de la disposition à se joindre avec celles qui sont métalliques, & qui peuvent ensuite en être séparées au moyen du feu & par d'autres opérations. Car je prouverai par la suite que ce n'est pas dans les pierres simples où l'on trouve du métal, qu'il faut chercher les matrices des métaux, mais que c'est dans la combinaison métallique même.

SECTION IV.

Des Matrices ou Minieres des Métaux.

APRE'S avoir vû ce que c'eſt que les métaux ce qui entre dans leur compoſition, ce qui les met dans l'état de mine, & la maniere dont ils ſont formés, il eſt à propos de conſidérer les matrices dans leſquelles la formation de ces mines & de ces métaux s'opere. Quant à la dénomination des *matrices des métaux*, elle n'eſt point ordinaire; cependant j'ai cru devoir m'en ſervir, parce que je n'ai point trouvé de terme plus propre pour exprimer les corps dans leſquels le germe des métaux eſt reçu, perfectionné & conſervé, juſqu'à ce qu'une force plus grande vienne à les en dégager. Il ſeroit très-difficile de déterminer tous les corps que la Nature employe pour y opérer la minéraliſation des métaux; cependant on peut ſuppoſer qu'ils doivent au moins avoir quelques points de conformité avec les métaux : car quoique ces corps ne ſe combinent pas auſſi intimement avec eux que les parties métalliques le ſont entre-elles, ils ne laiſſent pas de s'y unir groſſiérement ; nous voyons par-là ou que les deux corps qui doivent s'unir doivent être déja analogues, ou qu'il faut le concours d'un troiſieme corps qui, par ſon analogie avec les deux autres qui ne ſont point analogues entre-eux, ſoit propre à les lier enſemble. Nous allons nous ſervir d'un exemple pour éclaircir cette propoſition. Nous avons cité ci-devant l'argent mou & fluide dont parle Matheſius dans le troiſieme Sermon de ſon *Sarepta*; il en fait encore mention dans ſon ſixieme Sermon, & dit que l'argent natif s'eſt même trouvé attaché ſur du bois. On ſe tromperoit, ſi d'après cela on regardoit le bois comme la matrice de l'argent ; en effet, dans ce cas il n'y a point de moyen d'union entre ces deux ſubſtances qui n'ont aucune analogie, & jamais on ne trouvera de l'or, ou de l'argent minéralisé dans le bois, à moins que la minéralisation ne se fût faite dans une autre pierre, telle qu'une incrustation, du spath, une stalactite, &c, comme je l'ai déja dit, en parlant d'une mine semblable de Freyberg. Il n'y a donc rien de si ridicule que ce que dit Cassius, & quelques autres qui prétendent que l'or & les autres métaux sont propres à se combiner assez intimement dans la terre avec la séve des végétaux, pour pouvoir s'élever avec elle par les fibres des plantes, & redevenir visibles dans les fleurs & les feuilles, comme Cassius le rapporte page 78 de son Traité *de Auro*, où il prétend qu'en versant une dissolution d'or au pied d'un rosier, toutes ses feuilles & leurs fibres étoient remplies d'or. On voit encore par-là la maniere dont se sont formés les bois changés en charbons de terre, & les bois devenus pyriteux, dans lesquels souvent on trouve une portion assez considérable de métal, & sur-tout de cuivre, & même quelquefois de l'argent, ce qui eſt pourtant très-rare, & il y eſt en très-petite quantité. Dans les exemples que je viens de citer, c'eſt l'acide vitriolique qui eſt le moyen d'union; dans d'autres cas il peut y en avoir d'autres. M. Hoffmann dans les §. 20 & 21 du Traité *de Matricibus metallorum*, que nous avons cité, rapporte différentes autres opinions, & il fait voir ce que pluſieurs Sçavans ont entendu par *matrices* des métaux; je crois inutile de les copier ici, je ne parlerai que du ſentiment de Boerhaawe qui dans ſes *Elémens de Chymie* appelle les métaux minéraliſés eux-mêmes des matrices métalliques, & qui en particulier appelle la mine de plomb, c'eſt-à-dire, le plomb minéraliſé avec le ſoufre, *la matrice du plomb*. On ne peut point dire qu'il ſoit tout-à-fait dans l'erreur; en effet la galène, la pyrite cuivreuſe, &c. ne ſont que des métaux minéraliſés, mais ils ſont encore dans leur matrice, c'eſt-à-dire, ils ſont joints avec des parties étrangeres qui leur ſervent de demeure, & dont ils peuvent être dégagés par la fusion, ou par d'autres moyens ; c'est pour cela que la roche ou pierre stérile qui les accompagne, n'est point leur matrice minérale. Il est possible qu'une mine devienne la matrice d'une autre mine ; en effet, une mine d'argent blanche répandue d'une maniere très-déliée dans une mine de plomb, a cette derniere mine pour matrice, dans laquelle elle est cachée ; on peut donc regarder cette mine de plomb comme matrice de cette mine d'argent ; car quand elle ne contribueroit que peu, ou point du tout, à sa formation, elle ne laisse pas d'avoir reçu les exhalaisons minérales qui l'ont formée. Et que fait autre chose la matrice des animaux femelles, dans la conception, sinon de recevoir l'œuf qui a été mis en mouvement par l'esprit vital, & de le garder jusqu'à ce qu'il soit venu à terme. Sur ce principe on ne peut nier que le nombre des matrices métalliques ne soit très-grand, & qu'elles ne soient très-variées. Et je suis persuadé qu'il est beaucoup plus aisé de parvenir à une connoiſſance exacte de la nature dans le régne animal & dans le régne végétal, que dans le régne minéral, attendu que dans ce dernier régne elle cache ſes opérations avec tant de ſoin, & elle ſuit des routes ſi variées, qu'il eſt impoſſible de les découvrir. M. Beyer a donc raiſon de dire dans ſes *Otia metallica*, part. II. que ſi l'on cherche à ranger toutes les eſpéces de mines en de certaines claſſes, abſolument parlant on peut le faire, mais que cependant jamais on ne trouvera de collection de mines complette, attendu que les morceaux varient à tout inſtant, & que la nature en produit continuellement de nouvelles combinaiſons, de nouveaux compoſés & de nouvelles formes ; d'ailleurs nous avons peu de détails ſur les mines qui ont été ramaſſées en différens pays depuis deux ou trois ſiécles ; on a donc encore moins lieu de s'attendre à des détails exacts ſur les matrices de ces mines ; on trouve quelque ſubſtance précieuſe dans des pierres qui ne promettoient rien à l'extérieur ; c'est ainsi que les nouvelles publiques nous ont appris qu'on a trouvé en Islande des pierres répandues dans les champs qui paroissoient très-communes, & qui ne laissoient pas de contenir jusqu'à six onces d'argent au quintal. Combien y a-t-il peut-être de milliers de pierres contenant du métal, qui sont éparses de côté & d'autre, sans que nous les connoissions ; cependant il faudroit les connoître pour pouvoir donner l'histoire naturelle complette des matrices des métaux.

Je ne puis à cette occasion me dispenser de faire une petite digression. Comme nous avons jusqu'ici parlé des matrices métalliques, on pourroit demander s'il est possible que ces matrices conçussent un métal sans leur assigner de pere ? Cela ne peut pas se faire dans le regne animal, & Linnæus, ainsi que d'autres Botanistes ont prouvé que dans le régne végétal on distinguoit deux sexes dans un grand nombre de plantes ; découverte qui s'étendra peut-être par la suite à toutes les plantes.

Il seroit fort singulier de trouver la même chose dans les métaux. Je ne suis pas le premier qui ait eu cette idée. Les Adeptes l'ont annoncé d'une maniere emblématique dans leurs ouvrages, & même ils ne peuvent se dispenser de parler autrement quand ils traitent de la génération des métaux, soit qu'elle soit l'ouvrage de la nature, soit qu'elle soit dûe à l'art. On a lieu de rire quand on voit les peines qu'ils se donnent pour se rendre obscurs : tantôt leurs métaux sortent comme des plantes d'une terre vierge ; dans un autre, c'est un firmament tout entier ; un troisieme en fait des mariages ; il unit les parties élémentaires les unes avec les autres, & afin que tout se passe dans l'ordre, & pour légitimer les enfans qui doivent naître de cette union, c'est tantôt le mercure, tantôt le soufre, tantôt un autre être qui joint les différens couples. D'autres se mettent des chimeres bien plus effrayantes daus la tête ; ce sont des lions rouges, des dragons, des basilics, des serpens, des corbeaux, des crapaux qui ſont les habitans redoutables de leurs déſerts alchymiques, où tant de gens ont eu le malheur de s'égarer. En un mot, ces Ecrivains, en paroiſſant vouloir dire quelque choſe, ne font en effet que ſe mettre à la torture pour ne rien dire & pour s'embrouiller ; & l'on en a aſſez dès qu'on a ouvert leurs livres, & qu'on a jetté les yeux ſur les planches ſingulieres dont ils ſont quelquefois ornés. On ne peut, à la vérité, exiger qu'un Auteur donne toutes ſes découvertes au premier venu pour favoriſer la pareſſe de ceux qui ne veulent point s'occuper ; mais d'un autre côté, il ne faut pas non plus rendre les choſes plus obſcures qu'elles n'étoient. Pourquoi, par exemple, appeller *tête du corbeau* la couleur noire dont quelques corps ſe couvrent après avoir été mis en diſſolution ? Pourquoi donner le nom de *roſée céleſte* à la liqueur qui diſtillée avec un chapiteau aveugle, retombe ſur la matiere dont elle a été tirée par la diſtillation ? L'Hiſtoire naturelle & la Chymie perdroient une grande partie de leur difficulté & de leur obſcurité, ſi elles étoient dégagées de toutes les chimères, &c. Que ne raconte-t-on pas du mariage des métaux? C'eſt *l'homme rouge*, c'eſt *la femme blanche*; & la difficulté eſt d'unir *Mars*, *Mercure*, *Jupiter*, *Saturne*, ſans exciter une guerre civile entre eux, parce qu'ils n'ont que deux femmes à leur donner, qui ſont la *Lune* & *Vénus*. Toutes ces puiſſances habitent le céleſte palais de *Sophie*; elles font leur réſidence dans du fumier de cheval. Il n'y a pas long-tems qu'on m'envoya de Piémont deux eſpéces de manganèſe ou de magnéſie, dont l'une étoit *mâle* & l'autre *femelle*; je n'y ai cependant pû trouver d'autre différence, ſinon que l'une étoit composée de ſtries plus longues que l'autre. Si les gens, dont nous parlons, ſuivoient dans leurs découvertes la nature & une chymie fondée ſur la raiſon, ils réuſſiroient beaucoup mieux, & mériteroient la reconnoiſſance, l'eſtime & la confiance des Sçavans. On peut voir là-deſſus les remarques de M. Zimmermann ſur les *Opuſcules minéralogiques* de Henckel. Mais en voilà aſſez ſur les prétendus mariages des métaux.

Je ne prétends pourtant pas dire que chaque partie élémentaire des métaux n'ait une maniere différente d'opérer, ſur-tout puiſqu'elles different entiérement dans leur eſſence, & que par conſéquent l'une doit continuellement agir ſur l'autre ; mais il n'eſt pas néceſſaire pour cela d'avoir recours à des ſexes différens ; & ſans aller ſi loin on peut s'expliquer plus ſimplement. En effet, d'après cela il faudroit, par exemple, ſoutenir que tout notre globe eſt une matrice métallique ; je ne prétends pas que cette propoſition ſoit fauſſe, ſeulement elle eſt trop étendue pour pouvoir nous conduire à une connoiſſance exacte de ce qu'on peut proprement appeller les matrices des métaux. Mais venons au fait, il ne ſuffit pas d'avoir rapporté les opinions des autres, il faut déterminer exactement ce qu'on doit entendre par matrices métalliques. Il me paroît que parmi les différentes définitions qui en ont été données, il n'y en a point de meilleure que celle de M. Hoffmann. Il dit dans son §. 24 que « Les matrices métalliques sont des » corps solides qui contiennent une » espéce de métal déterminée, & res- » semblent à des instrumens qui contri- » buent à la perfection des métaux, & » qui par conséquent doivent exister » avant leur formation » : & pour rendre la chose encore plus claire, il ajoute : « Ce sont des corps que » la nature a destinés à élaborer, à » concevoir, à combiner, à consoli- » der & à loger les métaux, soit purs, » soit minéralisés, jusqu'à ce qu'on » les fasse passer par la fusion ». Stahl dans ses remarques sur l'*Histoire naturelle des Métaux* de Bécher, paroît douter si ces corps ont existé avant la formation des métaux, parce qu'il ne lui paroît point croyable que les exhalaisons, ou vapeurs métalliques puissent agir sur des corps aussi compacts & aussi solides. Nous allons rapporter ses propres mots, il dit donc dans l'endroit que nous venons de citer : « L'opinion que » les matrices métalliques font fécon» dées par des exhalaifons métalli» ques, eft prefque commune non» feulement à tous ceux qui attri» buent tant de pouvoir aux vapeurs » métalliques qui s'élevent dans l'in» térieur de la terre, mais encore à » ceux qui ajoutent foi aux influen» ces des aftres ; ils s'imaginent que » ces vapeurs pénetrent non-feule» ment la terre molle & poreufe, » mais encore les roches & les pier» res les plus compactes, & croient » que femblables aux particules en » fpirales, auxquelles on attribue les » vertus de l'aiman, elles ont un pen» chant & une difpofition détermi» née à attaquer & affaillir les corps » les plus durs & les plus folides.... » mais il ne fuffit point qu'il fe trouve » de la mine dans l'intérieur des ro» ches les plus ferrées ; il faudroit » plutôt examiner fi ces roches » avoient la même dureté & la mê» me folidité avant que d'être péné» trées par ces vapeurs métalliques, » ou fi elles étoient molles & tendres,

» & n'ont acquis leur ſolidité & » leur conſiſtence que par le concours » de ces vapeurs ». Je ne prétends point nier que les matrices métalliques n'aient éprouvé un grand changement pour la dureté, la couleur, le poids, &c, par le concours des exhalaiſons minérales; mais l'expérience prouve que leur eſſence n'a point été entiérement altérée; une terre, par exemple, qui a été pénétrée par un métal, demeure toujours une terre, comme nous le voyons ſouvent dans des terres qui contiennent de l'argent, telle que l'argille qui fut trouvée en Suéde dans la mine de Brattfors près de Normark en Wermeland; quoique cette argille fût encore molle, elle ne laiſſoit pas de contenir 77 marcs d'argent au quintal, comme le rapporte Swedenborg *de Regno minerali*, page 67 *de Ferro.* Je ne parlerai point de la terre cuivreuſe verte & des *Guhrs* ferrugineux qui ſouvent ſont très-riches, ſans pour cela que ces matieres aient de la dureté. Cependant il eſt certain que chaque matrice doit avoir un corps solide, sans quoi elle ne seroit point en état de retenir les métaux, ni de leur faire prendre de la consistence ; & même nous avons lieu d'admirer la sagesse de la nature en voyant qu'elle a eu soin de joindre les métaux qui sont minéralisés par des substances rapaces & volatiles, telles que l'arsénic, le soufre, &c, avec des corps solides qui servent à les retenir dans la fusion. En effet, si les métaux n'étoient point accompagnés de parties terreuses, & surtout de terres vitrifiables, nous souffririons de grandes pertes, sur-tout dans le traitement des mines de cuivre, des mines de plomb & des autres métaux de moindre valeur, & même dans celui des mines d'argent qui sont mêlées de plomb & de parties arsénicales, &c. Nous voyons par-là l'utilité de ce que les Allemans nomment *Aftern*, qui sont de petites particules de quartz & de spath ; elles contiennent peu de métal, mais elles sont très-fusibles, & servent à couvrir le métal dans la fusion. Il y a encore d'autres matrices métalliques qui font d'une grande utilité en contribuant au dégagement du métal dans la fusion, telle est la pyrite. Sans compter d'autres avantages qu'elles peuvent procurer, & dont nous aurons occasion de parler en traitant de chaque espéce de matrice ou de miniere métallique.

On voit par tout ce qui précede, que l'on ne peut point mettre l'air au nombre des matrices métalliques. En effet, quoique nous ayons dit qu'il est un des agens qui concourt à la formation des métaux & des mines, sa subtilité est cause qu'il n'est pas capable de contenir les métaux lorsqu'ils sont visibles & dans leur état de mixte; & quoique Rumphius prétende avoir trouvé des pierres ferrugineuses au sommet d'un palmier, & que Cæsius dise qu'en Perse il soit tombé du ciel, pendant un jour serein, des morceaux de métal qui pesoient jusqu'à cinquante livres; ces faits sont si merveilleux qu'on ne peut y ajouter foi. On peut porter le même jugement d'une pierre remplie de veines métalliques, qu'on dit être tombée du ciel, en Espagne au royaume de Valence ; & d'un morceau de fer pesant 48000 livres, qu'on a prétendu être tombé en Suisse, comme Henckel le rapporte dans sa *Pyritologie*, sans pourtant paroître convaincu de la vérité du fait. Si nous étions encore dans des tems de superstition & d'ignorance, on prêteroit peut-être l'oreille à ces merveilles, & on les regarderoit comme des avant-coureurs du jugement dernier ; mais aujourd'hui l'on est trop instruit pour cela. Quelle frayeur n'ont pas causée à nos ancêtres les prétendues pluies de soufre, tandis qu'on sçait aujourd'hui que ces pluies sont produites par la poussiere des étamines de quelques fleurs d'aulne, de noisettier, &c. Les prétendues pierres de foudre sont des armes dont se servoient les Anciens. Quant aux pierres métalliques dont parle Rumphius, & qu'il dit avoir trouvées au haut des palmiers & des dattiers de l'île de Ceylan, il y a tout lieu de croire qu'elles y étoient pour y avoir été jettées par les habitans du pays, qui pour s'épargner la peine de monter à ces arbres afin d'en cueillir les fruits, jettent des pierres aux singes qui y sont grimpés, afin qu'en revanche ces animaux leur jettent des dattes. Il est inutile d'avoir recours au merveilleux, quand on peut trouver des causes naturelles des choses. Il n'est point surprenant non plus que ces pierres soient métalliques, & même qu'elles contiennent de l'or, puisque dans l'île de Ceylan non-seulement il y a des mines d'or, mais encore ce métal se trouve en paillettes dans des fragmens de roche, & répandu dans la terre. Souvent un Naturaliste est trompé par le premier coup d'œil; souvent aussi il est la dupe de ses préjugés & de sa crédulité. Il arrive sur-tout dans le régne minéral, que la nature donne à une substance le coup d'œil d'une autre; & il y a des gens qui sçavent trouver leur profit en imitant la nature, comme on peut le voir dans plusieurs prétendues mines d'or & d'argent de Hongrie, qui ont été faites par art. Je pourrois expliquer ici la maniere de les faire, ſi je ne craignois de donner lieu à de pareilles ſupercheries qui ne ſont déja que trop communes. En un mot, il eſt impoſſible que des métaux en maſſe puiſſent ſéjourner dans l'air; il eſt auſſi impoſſible qu'ils puiſſent y acquérir un certain volume & une certaine conſiſtence, attendu que cela exige un tems conſidérable, & que ces ſubſtances y demeurent ſuſpendues, juſqu'à ce que le tonnerre les en faſſe tomber. Nous ſçavons de combien de tems la nature a beſoin pour former une ſimple pierre; que ſeroit-ce s'il falloit la rendre métallique? Il n'eſt pas moins impoſſible que ces ſubſtances ſoient élevées en l'air; il n'y a aucun fondement à ce que dit Hellwig, lorſqu'il prétend que l'on peut tirer toutes ſortes de métaux de l'air, comme Bécher le rapporte dans ſon *ABC minéral*. L'air agit dans la production des métaux, en faiſant voltiger les parties élémentaires, en les combinant au moyen de ſon mouvement continuel; il peut même tenir des molécules métalliques ſuſpendues, lorſqu'elles ſont d'une petiteſſe qui les rend preſque imperceptibles ; mais lorſqu'elles viennent à augmenter de volume & de poids, il eſt obligé de les laiſſer retomber.

Mais que dira-t-on des animaux? Bien des Sçavans penſent qu'on ne doit pas les exclure du nombre des matrices métalliques, & M. Hoffmann paroît pencher pour ce ſentiment, ſur quoi il rapporte les exemples ſuivans. Le premier eſt tiré de Schwenckfeld, *Foſſilia Sileſiæ*, page 368, qui dit qu'on a trouvé dans la bouche d'un petit garçon de Weigeldorf une dent molaire d'or ; mais cet exemple ne prouve rien, attendu que ſi cette dent d'or a réellement exiſté, elle pouvoit avoir été placée dans ſa bouche par un Arracheur de dents, ou ce n'étoit peut-être qu'une ſupercherie imaginée par ſes parens pour gagner de l'argent. Albert le grand, dont l'autorité peut avec raiſon être regardée comme ſuſpecte, parle de grains d'or trouvés dans la ſuture du crâne d'un homme. Bécher qui cherchoit de l'or par-tout, prétend dans ſa sa *Physique souterreine*, qu'on a trouvé des grains de plomb dans le cerveau d'un Mineur, fait qui doit paroître incroyable à tout homme qui connoîtra la structure de la tête. Il n'y a pas plus de vérité à ce que rapporte Chambon dans son *Traité des Métaux & des Minéraux*, page 72 & 73. Il dit que trois cadavres humains ont été changés en or avec leurs intestins & leurs os, au moyen d'un soufre aurifique. Pour juger de la possibilité de ce fait, il n'y a qu'à faire réflexion que les intestins entrent trop promptement en putréfaction pour pouvoir être pénétrés par les métaux, ce qui exigeroit pourtant un tems très-considérable. On sçait qu'en ouvrant les cadavres de ceux qui ont plusieurs fois passé par les frictions mercurielles, on trouve quelquefois du mercure dans les glandes & dans les sinus du cerveau, sur-tout quand la cure n'a pas été bien faite, mais il est aisé de deviner d'où ce mercure est venu. Il est aussi très-aisé de voir comment il a pû passer de l'or dans l'estomac des canards & des oies, ſi l'on fait attention que ces animaux avides avalent avec leurs alimens beaucoup de ſable qui peut être métallique. Il en eſt de même des truites qui peuvent auſſi avaler du ſable métallique dans les ruiſſeaux. Tous ces exemples prouvent donc ſimplement qu'il peut ſe trouver des métaux dans les animaux, mais ils ne prouvent point que ces métaux y aient été formés. Voyez les remarques de Stahl ſur l'*Hiſtoire naturelle des Métaux* de Bécher. M. Hoffmann rapporte un fait plus frappant, tiré de la *Collection de Breſlaw*, claſſe I. art. VIII. pag. 155 & 156. Il y eſt dit qu'on a trouvé 42 petits globules de couleur d'or dans les reins d'un bœuf; ces boules, quand on en fit l'eſſai, donnerent 37 onces d'argent, poids d'eſſai, & un peu d'or. M. Wolf croit que cela venoit d'un *guhr* minéral & peut-être mercuriel, qui avoit accidentellement été porté dans le corps de cet animal. Si ce fait eſt vrai, on pourra expliquer comment il arrive que toutes les fois qu'on traite le mercure avec des ſubſtances urineuses (*urinosis*), il donne toujours un vestige d'argent & même d'or. C'est aussi ce que prouve l'expérience rapportée par Henckel dans le *Flora saturnizans*. Il mit du mercure dans une dissolution dans laquelle il n'y avoit que très-peu d'argent ; il la fit évaporer pour faire un amalgame, ensuite il fit dissoudre le résidu dans de l'eau-forte, & en fit la précipitation avec une dissolution de sel marin ; il mêla la poudre qui s'étoit précipitée avec de l'huile d'urine, & la traita pendant quelques semaines à un feu gradué ; enfin il la vitrifia ; & après l'avoir jointe avec du plomb, il obtint à la coupelle un bouton d'argent considérable qui contenoit aussi de l'or. En effet, l'acide du sel marin fait une infinité de nouvelles productions, non-seulement avec le mercure coulant, mais encore avec le mercure qui est caché dans les métaux. C'est ce que prouve le même Henckel dans ses *Opuscules minéralogiques*, par la précipitation du mercure avec les excrémens humains. Voyez aussi le *Loboratoire chymique* de Kunckel, page 314. L'or & l'argent n'étoient point dans le mercure, & encore moins dans le ſel urineux qui ne peut être une matrice métallique, quoi qu'en diſent bien des gens qui prétendent qu'il faut y chercher la pierre philoſophale. L'expérience de M. Lémery le jeune, faite avec le miel & le caſtoreum, dont il a tiré du fer, devient aiſée à expliquer, ſi l'on fait attention que dans le caſtoreum, indépendamment d'une grande quantité de matiere inflammable, il y a beaucoup de terre groſſiere qui, comme le prouve l'expérience de Bécher, ſont deux ſubſtances qui ſuffiſent pour produire du fer. On voit par ce qui vient d'être dit, que les animaux ne ſont guères propres à ſervir de matrices aux métaux, & que tous les métaux qu'on y trouve, étoient tout formés avant que de paſſer dans leur corps. Si l'on regardoit de près tout ce qu'on veut faire paſſer pour des productions métalliques dans les animaux, il en ſeroit comme des dents de cerf argentées, ſur leſquelles M. Hoppe a donné un Mémoire dans les *Amusemens physiques*, II. part. page 110. Ces dents étoient simplement couvertes d'un enduit tartareux qui brilloit comme de l'argent. Les animaux, comme tels, ne sont point propres à produire des métaux ; il leur manque la mixtion & les principes qui leur sont nécessaires pour cela, il leur manque ces vapeurs subtiles & déliées qui, comme nous avons dit ci-dessus, sont d'une nécessité indispensable pour la formation des métaux ; outre cela ils sont d'une consistence si molle, que les métaux ne trouvent point à s'y loger, sans compter beaucoup d'autres obstacles. Il est possible que des substances prennent une consistence dure & solide dans les animaux, & même cela ne fait pas une vraie pétrification, car les pierres qui se trouvent dans les hommes & les animaux, sont plutôt une espéce de *tophus*, c'est-à-dire, une terre atténuée qui s'est trouvée dans un fluide, d'où elle s'est précipitée peu-à peu, & qui à la fin ne s'est point tant durcie que séchée fortement, ce qui lui a fait prendre de la liaiſon. Mais il ne s'agit point ici des pétrifications, quoiqu'il ſe trouve dans le territoire de Mansfeld des ardoiſes remplies de poiſſons, qui contiennent beaucoup de cuivre & même un peu d'argent; mais ce ne ſont que des empreintes de ces animaux, & non leurs parties molles, & par conſéquent elles ne ſont point de notre reſſort. Je ne puis donc mettre les animaux au nombre des matrices métalliques, & il faudra des raiſons plus fortes pour me faire acquieſcer au ſentiment de Bécher & de Chambon.

Les végétaux ſemblent être plus propres à cet uſage, cependant on leur attribue beaucoup plus de merveilles qu'il n'y en a en réalité. Les Hiſtoriens d'Hongrie nous parlent de ſeps de vigne entiérement remplis & recouverts d'or, de pepins de raiſin tout d'or, &c; mais ils ſont contredits par des Sçavans même de leur pays, tels que Fiſcher dans Traité *de Terra medicicinali Tokayenſi*, &c. Il y auroit de l'injuſtice à nier tous les faits de cette nature, mais il n'eſt pas croyable qu'ils ſe préſentent auſſi ſouvent que le prétendent Bécher, Sachs de Lowenheim, & d'autres Naturaliſtes. On ne peut pas diſconvenir que l'or & le vin n'aient de l'affinité, ou plutôt de l'analogie, mais je ne puis croire pour cela que la choſe ſoit ſi ordinaire, & je ne me laiſſerai point ſéduire ni par l'*Opus vegetabile* d'Iſaac le Hollandois, ni par ce que dit Bécher à la page 311 de ſon *Hiſtoire naturelle des métaux*. Je ne parlerai point, quant à préſent, de l'argent qui s'eſt attaché ſous la forme de métal & minéraliſé à du bois. J'en ai déja cité des exemples tirés de Matthéſius, de Lohneiſſ, &c. Cependant je ne puis pour cela regarder le bois comme une matrice de métaux, attendu qu'il n'eſt pas propre à recevoir l'argent au-dedans de lui-même, & que ce métal ne fait que s'attacher à ſa ſurface, où on le voit ordinairement tout formé. On peut dire la même choſe du cuivre natif contenu dans certaines eaux, qui se précipite & s'attache sur du bois, ou sur du fer, qu'on y laisse tremper ; il m'en est venu un échantillon de Moscovie, sur lequel on peut voir clairement qu'il s'est attaché à un des échelons d'une échelle pour descendre dans un puits des mines * ; mais il se montre très-souvent sous une forme minéralisée dans les charbons de terre mêlés de pyrites, & dans les bois pyriteux, où on le voit sous une forme de vitriol, ou sous celle d'une vraie mine de cuivre. Henckel parle dans son *Flora saturnisans*, d'étain trouvé dans le genêt ; mais l'expérience qu'il rapporte, n'est point claire, & demande à être répétée. Il n'y a point de métal qui se trouve plus communément joint aux végétaux que le fer, & il n'y a guères de cabinets où l'on ne trouve du bois, & sur-tout du bois de chêne, changé en mine de fer. Si l'on rapproche ce qui est dit à la page 86 de l'*Académie des mines de*

* On a aussi trouvé du cuivre natif attaché sur du bois, dans des souterreins des mines de S. Bel dans le Lyonnois.

la haute Saxe de Zimmermann, on verra l'analogie & les rapports qui se trouvent entre le régne minéral & le régne végétal ; c'est aussi ce qui est suffisamment prouvé dans tout l'ouvrage de M. Henckel qui a pour titre, *Flora saturnizans*. Mais on ne peut établir de régle générale sur des faits très-rares ; tel est celui du mercure, qu'on dit avoir été trouvé dans un coing, dans de la racine d'herbes, dans du bois ; on doit regarder ces singularités comme des occasions où la nature, par différentes causes, s'est écartée de ses routes ordinaires. En général, on ne peut pas nier qu'il n'y ait beaucoup plus de rapport & d'affinité entre le régne végétal & le régne minéral, qu'entre celui-ci & le régne animal.

Je pourrois à cette occasion parler de la *baguette divinatoire*, à laquelle on attribue une analogie avec le régne minéral, mais je renvoie le Lecteur à la Dissertation que j'ai donnée à ce sujet dans les *Amusemens physiques*, page 116. On m'a accusé dans les Nouvelles Littéraires de

Hambourg, de n'avoir point assez fait d'expériences là-dessus, mais je demande seulement qu'on jette les yeux sur la page 130 de la même Dissertation, où je prie ceux qui auront là-dessus des expériences non équivoques, de vouloir bien me les communiquer, jusques là je persisterai dans mon sentiment *. C'est aussi pour cette raison que je n'ai voulu ni admettre, ni rejetter entiérement tous les phénomènes de la baguette divinatoire. M. Henckel dans son *Flora saturnizans* ne se déclare ni pour la négative, ni pour l'affirmative. Quelques personnes, telles que l'Auteur de l'*Idole de la baguette divinatoire démasquée*, imprimée à Dresde, en rejettent simplement l'usage, d'autres en regardent les effets comme indubitables;

* L'Auteur rejette dans cette Dissertation l'usage de la baguette divinatoire, ce qui ne pouvoit manquer d'être relevé en Allemagne, où bien des personnes, très-instruites d'ailleurs, ajoutent encore foi aux vertus merveilleuses de cette baguette.

& l'on ne peut s'empêcher de rire en lisant le Continuateur de Basile Valentin, qui distingue les différentes espéces de baguettes divinatoires. Melzez dans son Ouvrage polémique *de Hermundurorum Metallurgia*, imprimé à Leipsik en 1680, in-4°, page 33, regarde la baguette comme un instrument dont il est permis de se servir, & croit à ses effets. Matthésius dit dans le second Sermon de son *Sarepta*, que Noé & ses enfans furent les premiers qui firent usage de la baguette ; mais lorsqu'il s'agit de la maniere dont elle opere, personne ne veut s'expliquer. Il y a quelque tems qu'il me tomba entre les mains la traduction Allemande d'un livre François qui a pour titre, *Découverte des secrets de la Nature, & de la Baguette divinatoire* ; l'Auteur en rapporte tant d'extravagances, qu'on a lieu d'être surpris que quelqu'un ait la hardiesse d'en imposer si grossiérement au public. Mais en voilà assez sur cette matiere.

Examinons en peu de mots comment il arrive que la plûpart des métaux natifs qui s'attachent sur du bois, prennent des figures singulieres ; l'argent & le cuivre sur-tout se présentent sous la forme de petits arbrisseaux. Ces formes ne sont, la plûpart du tems, dûes qu'à de simples accidens, & elles dépendent de la maniere dont les parties solitaires des métaux se sont attachées peu-à-peu les unes aux autres. Il y en a cependant qui peuvent avoir été formées de la même maniere que les végétations d'argent qu'on nomme *arbres de Diane*, dans lesquelles les parties de ce métal se trouvent unies avec des parties mercurielles, qui venant à se dégager & à se dissiper peu-à-peu, cherchent à enlever avec elles des parties du métal; ce qui ne peut se faire, parce qu'elles sont déja trop liées pour pouvoir être entiérement volatilisées. On trouvera de plus grands détails sur les végétations de cette espéce dans différens Auteurs, tels que Lémery, Vallemont, Frank de Frankenau *de Palingenesia plantarum*, avec les notes de Nehring, &c. Il est cependant à propos d'obſerver que l'on peut, au moyen de l'arſénic, produire par la voie ſéche différentes végétations, ſemblables à celles qui ſe font au moyen du mercure par la voie humide. Cela ne paroîtroit-il pas prouver aſſez clairement que l'arſénic eſt un mercure *retourné*?

Avant de quitter ce ſujet je crois devoir dire encore quelque choſe du fer que l'on tire des cendres au moyen de l'aiman; cette expérience eſt fort curieuſe, mais pourquoi ne réuſſit-elle point quand le bois a été réduit en cendres dans un vaiſſeau de porcelaine? Cela me fait ſoupçonner que ſouvent la matiere huileuſe du bois s'unit avec quelque ſubſtance qui eſt contenue dans les carreaux, ou dans les pierres ſur leſquelles on le réduit en cendres, & que par-là il ſe fait du fer comme dans l'expérience de Bécher. On voit par tout ce que nous venons de rapporter, que le régne végétal, qui d'ailleurs eſt redevable au régne minéral de ſon accroiſſement, eſt avec lui dans un état d'union très-intime. Tant de pétrifications qui ont souvent des métaux à l'intérieur & à l'extérieur, en font une preuve convaincante; cependant toutes les observations que l'on cite, ne sont pas toujours bien fondées, & souvent il se trouve des métaux dans les végétaux, non qu'ils y aient été formés, mais parce qu'ils y ont été portés accidentellement.

Les matrices les plus convenables & les plus ordinaires des métaux, sont les fossiles & les minéraux. Ce sont eux qui sont les plus prêts à se présenter dans leur formation. Nous avons dit dès le commencement de cet Ouvrage ce que c'est que les fossiles & les minéraux ; il n'est donc point nécessaire de le répéter. Mais comme on ne peut point exclure les métaux de la classe des minéraux, il est à propos d'en faire sentir la différence. En effet, les métaux vierges ou natifs different des métaux minéralisés. On peut mettre au rang des premiers l'or, l'argent, le cuivre & le fer ; quant au plomb natif de Massel, je ne puis encore décider si c'est du véritable plomb formé par la nature, attendu que Henckel semble tantôt le croire, & tantôt en douter; je n'ai pû m'en procurer encore pour en faire l'examen. A l'égard du fer natif, la question consiste à sçavoir ce que l'on entend par un métal natif. Il est vrai que M. Pott dans la seconde partie de sa *Lithogéognosie*, indique différens endroits où il s'en trouve; & si l'on regarde la propriété d'être attiré par l'aiman comme un caractère distinctif du fer, la chose devient certaine, & je connois beaucoup d'endroits où l'on trouve du sable qui a cette propriété*;

* Si la propriété d'être attirable par l'aiman caractérise le fer, elle n'indique pas pour cela un fer pur; il est certain que le fer peut être allié avec une quantité assez considérable de quelques autres métaux, sans cesser pour cela d'être attirable par l'aiman; c'est une vérité que M. Henckel a prouvée dans sa *Pyrotologie*, & M. Gellert a démontré la même chose dans un Mémoire que l'on trouvera dans le treizieme Tome des Commentaires de l'Académie Impériale de Péterſbourg, & à la fin du premier Tome de ma Traduction de la

mais si la propriété de s'étendre sous le marteau, ou la ductilité est une preuve de la pureté & de la perfection d'un métal, il y auroit peut-être encore quelques objections à faire contre l'existence du fer natif: cependant comme il y a tout lieu de croire que l'on a suffisamment examiné les grains de fer qui se trouvent dans le pays de Saltzbourg, ceux d'Eiful & ceux des montagnes de Silésie qui ont la propriété de s'étendre sous le marteau; on n'a plus de raison de douter de l'existence du fer natif: d'ailleurs rien n'en peut fournir une preuve plus convaincante, que le morceau de fer natif que possede M. Marggraf à Berlin; cet habile Naturaliste eut le bonheur de rencontrer en Saxe, près d'Eybenstock, dans une mine d'étain formée par transport, ou par fragmens répandus dans la terre, un morceau de mine de fer, sur laquelle il se

Chymie Métallurgique de cet Auteur, imprimée à Paris chez *Briasson* en 1758.

trouvoit du fer natif qui a la propriété de pouvoir s'étendre ſous le marteau. Voyez là-deſſus le *Magaſin de Hambourg* & mon *Art des Mines, Introduction aux connoiſſances néceſſaires pour le travail des Mines métalliques.* Cependant on n'a rencontré juſqu'à préſent qu'une très-petite quantité de fer de cette eſpéce, mais il y a lieu de croire que la découverte qui vient d'être rapportée, réveillera l'attention des Naturaliſtes, & fera qu'ils regarderont les mines de fer avec plus d'attention. Swedenborg dans ſon grand Ouvrage *de Ferro*, a eu tort de ne nous point donner une deſcription plus ample des mines de fer de Suéde, que celle qu'on trouve aux pages 284 & 285. Voici ce qu'il dit à la page 291 au ſujet du fer natif. « Bien » des gens aſſurent qu'on rencontre » du fer natif & pur en globules » dans pluſieurs mines, & ſur-tout » en Saxe, d'autres doutent de ce » fait : l'on dit qu'il y en a des pe- » tits grains qui s'étendent ſous le » marteau, à Saltzbourg près d'Eiful,

» & dans les montagnes de Siléſie.
» Wormius dit qu'il s'en trouve auſſi
» dans les montagnes de Norwege
» & dans les mines de Styrie ; on
» en rencontre pareillement, ſuivant
» Rulandus, dans quelques rivieres,
» & dans beaucoup d'autres endroits,
» ſi l'on s'en rapporte à quelques Au-
» teurs modernes ; mais je doute fort
» qu'il ait la pureté du fer fondu. Il
» ſe trouve en Suéde une mine de
» fer en cubes, qui eſt ſi abondante
» qu'on peut la regarder comme du
» fer natif, cependant ce n'en eſt
» point ». Ce détail eſt aſſez imparfait, & il ſeroit à ſouhaiter que des perſonnes qui en ont la commodité, vouluſſent nous apprendre quelque choſe de plus poſitif ſur cette matiere.

Il eſt bien plus certain que jamais on n'a trouvé d'étain natif, quoiqu'un de mes amis ait prétendu m'en faire voir qui étoit attaché ſur de la mine d'étain ; mais je ſuis perſuadé qu'il n'avoit été produit que par le feu qu'on fait quelquefois dans les mines pour faire gerſer la roche.

Wallerius dit dans sa *Minéralogie*, qu'il s'en trouve à Malacque ; il cite à ce sujet le neuvieme Sermon du *Sarepta* de Matthésius, *Tollii Epist. itiner*. page 69, & le *Musæum Richterianum*, page 75. Mais j'avoue que toutes ces preuves ne me paroissent point suffisantes : en effet, Matthésius lui-même s'en est rapporté à ce qu'ont pû lui dire quelques Mineurs ; voici comme il s'exprime : « Il y a » une mine d'étain très-considérable » à Schlakenwalde, dans laquelle, » si j'en crois ce qui m'a été dit par » des Mineurs, on a trouvé cette » année de l'étain natif, dans lequel » les outils des ouvriers entroient, » & qui en étoit tranché ». Albinus prétend aussi qu'il a trouvé de l'étain natif en Saxe : voyez sa *Chronique des mines de Misnie*, *tit.* 16. *page* 130. Mais Agricola en doute avec raison dans son *Traité de Métallique*. En effet, jamais on n'en a trouvé un atome de notre tems qui ne fût sujet à caution ; nous ne pouvons, faute de relations suffisantes, décider s'il s'en eſt trouvé anciennement.

Tous les métaux qui viennent d'être rapportés, étant parfaits & natifs, ne ſont point propres à ſervir de matrices métalliques, ſur-tout à un autre métal natif. Mais je crois qu'il eſt à propos de faire une différence entre les métaux natifs ; en effet, il y en a qui ſont placés ſur des ſubſtances entiérement étrangeres qui ne peuvent abſolument être regardées comme leurs matrices, tel eſt le bois dont nous avons parlé ci-devant ; il y a d'autres métaux natifs qui ſont placés ſur des mines, & ils y ont été formés de deux manieres ; ou par les molécules métalliques qui ont été portées ſur des mines déja formées, (c'eſt auſſi de cette maniere qu'ont été produits les métaux natifs qui ſont attachés à des ſubſtances étrangeres) ; ou bien ces métaux ſont ſortis des mines même ſur leſquelles on les trouve; cette derniere opération ſe fait de la même maniere que ſe font les végétations artificielles par la voie séche, c'est-à-dire, lorsqu'il y a beaucoup de parties mercurielles, ou arsénicales, jointes aux métaux, ces parties en sont dégagées & volatilisées par un échauffement interne, alors elles cherchent à entraîner avec elles les parties métalliques, mais elles ne peuvent y réussir à cause de leur abondance & de leur pesanteur, qui sont cause qu'elles n'entraînent ces parties métalliques que jusqu'à la surface de la miniere, où elles forment différentes figures singulieres. C'est-là la maniere dont se font toutes les végétations, telles que celle dont parle Henckel, quand il dit qu'il faut mettre la mine d'argent rouge pendant quelque tems en digestion, opération par laquelle il se fait un petit arbrisseau d'argent. Telles sont aussi les expériences de Lémery, & de plusieurs autres Chymistes qui nous donnent des procédés pour faire, par la voie humide & par la voie séche, des amalgames qui, au moyen d'une chaleur modérée, produisent des végétations. Je ne puis à cette occasion m'empêcher de rapporter ici un phénomène que j'ai une fois obſervé en faiſant l'arbre de Diane. J'obtins une végétation de cette eſpéce en ſuivant une méthode toute ordinaire, c'eſt-à-dire, avec une diſſolution d'argent avec du mercure & avec de l'eau commune; je la laiſſai en repos pendant pluſieurs ſemaines, alors je m'apperçus qu'il ſe formoit peu-à-peu à la ſurface des petites pierres cubiques, tranſparentes & jaunâtres, qui après avoir acquis plus de peſanteur tomberent au fond du vaiſſeau; j'en laiſſai amaſſer une aſſez grande quantité; enfin je les tirai du vaiſſeau, je les édulcorai, & je les mis à part: au bout de quelque tems il me vint en idée de les examiner dans le feu: en conſéquence je commençai par mettre un morceau de ces cryſtaux peſant un demi-ſcrupule, ſur des charbons ardens; il ſe dégagea d'abord de l'acide nitreux & du mercure; quand il ne partit plus de fumée, j'enlevai avec ſoin ce qui étoit reſté ſur les charbons; c'étoit une matiere dure, rouge comme du cinnabre, qui avoit à sa surface des filets d'argent fins comme des cheveux, le poids n'avoit diminué que de 4 grains, car le reste pesoit net 6 grains. Je ne m'arrêterai point davantage sur cette expérience, je ne l'ai rapportée que pour faire voir que le mercure, quand il commence à se volatiliser, est en état d'entraîner les métaux sous la forme qui leur est propre à la surface d'un corps. Le soufre produit la même chose, comme on peut le voir dans la mine d'argent vitreuse, faite par art au moyen du soufre & de l'argent, qui traitée à un degré de feu convenable, présente une végétation tout-à-fait singuliere. C'est l'arsénic qui produit cet effet dans la mine d'argent rouge. Il reste encore à montrer pourquoi un métal natif ne peut guères être la matrice ou la miniere d'un autre métal; par exemple, pourquoi on ne rencontre point ensemble de l'argent natif avec de l'or natif. Je crois que la raison est que chacun de ces métaux exige une cause intérieure & qui tient à son essence, sans laquelle il ne peut-

former une végétation. Nous avons déja fait voir de quelle nature est cette cause dans l'argent, mais dans l'or, dont les parties sont plus fixes, il faut autre chose. J'ai éprouvé que l'antimoine produisoit dans ce cas des effets tout particuliers, sur-tout quand on gouverne le feu convenablement; & ceux qui veulent contrefaire par art les mines d'or d'Hongrie, sçavent tirer parti de ce secret. Il est très-difficile de les distinguer des mines véritables ou naturelles, au lieu que celles qui sont contrefaites à l'aide des colles & des mastics, se découvrent aisément quand on les met dans de l'eau bouillante ou dans de l'esprit-de-vin. La même chose se fait aussi dans le sein de la terre, sur-tout en Hongrie, où l'argent & l'antimoine se trouvent très-souvent ensemble dans la même mine.

Le cuivre n'a besoin que d'un degré de chaleur convenable pour entrer en végétation. Ces métaux natifs ne se chargent point aisément d'autres métaux natifs; l'or qui est le plus parfait d'entre eux, n'a tout au plus avec lui qu'un peu d'argent, dont il n'eſt même jamais entiérement exempt, quoiqu'il s'y trouve joint en plus ou moins grande quantité. L'argent ſe trouve plus communément pur, & il eſt rare qu'il s'y trouve quelque veſtige de cuivre. Mais le cuivre natif eſt toujours parfaitement pur ; je vais tâcher d'en donner une raiſon. Ce métal, ainſi que le fer, approche le plus de l'or, & a le plus d'analogie avec lui ; c'eſt auſſi pour cela que ces deux métaux ont dans cette partie les mêmes propriétés que les mines d'or, ſoit qu'ils ſoient natifs, ſoit qu'ils ſoient minéraliſés : ces métaux n'admettent pas volontiers l'aſſociation des autres métaux, & ont plus de diſpoſition à s'unir enſemble. Le principe inflammable du cuivre, quand il eſt parfaitement & intimement développé, décompoſe aiſément les autres métaux, & détruit leur liaiſon. Au contraire la terre groſſiere du fer a beaucoup de peine à ſe faire jour dans les pores des autres métaux, de-là vient que tous les trois ſont peu propres à faire une combinaiſon exacte avec d'autres métaux; voilà la raiſon pourquoi la nature leur a aſſigné à chacun des matrices métalliques particulieres. Je ne nie pourtant pas que l'on ne puiſſe trouver une portion d'argent quelquefois conſidérable dans preſque toutes les mines de cuivre; mais ſi l'on conſidere attentivement ces ſortes de mines, on trouvera que cela vient de particules déliées de mines d'argent qui y ſont répandues. Je ſuis en état de montrer une mine de cuivre vitreuſe, tirée de Gieshubel en Saxe, ſur la frontiere de Bohême, qui, il y a 16 ans, donnoit 52 livres de cuivre de roſettes, & 3 onces d'argent au quintal; mais en l'examinant de près, on y trouve de la mine de plomb & un peu de mine d'argent blanche; c'eſt de-là que vient l'argent que donne cette mine. Ainſi l'on ne peut pas mettre les métaux natifs au rang des matrices métalliques; car auſſi-tôt qu'ils contiennent d'autres mines & d'autres métaux, on ne peut point les regarder comme des métaux vierges & purs. Cependant, comme nous l'avons déja remarqué, il eſt très-rare de trouver un métal ſeul, ſoit natif, ſoit minéraliſé, ſans qu'il ſoit mêlé avec quelque mine ou ſubſtance minérale étrangere. Je citerai ici comme une preuve de ce que j'avance, les remarques de M. de Réaumur, tirées des Mémoires de l'Académie des Sciences de Paris, année 1718, pages 108 & 109. Il dit, en parlant de l'or qui ſe trouve dans les rivieres : « Nous » avons *eſſayé* celui de nos rivieres » dont nous avons pû recouvrer ſuf- » fiſamment, & nous avons trouvé » que l'or de la riviere de Ceze eſt » à 18 karats & 8 grains, c'eſt-à- » dire, qu'avant d'avoir été affiné, » il contient près d'un quart de ſon » poids en cuivre ou en argent. Ce- » lui du Rhône ne contient qu'un » ſixieme de ces matieres étrangeres, » il eſt à 20 karats. L'or du Rhin eſt » encore plus pur, il eſt à 21 karats $\frac{1}{4}$. » Enfin celui de l'Ariege eſt le plus » pur de ceux que nous avons eſſayés, » il eſt à 22 karats $\frac{1}{4}$. ». Le même

Auteur dit au même endroit que
» les titres varient dans un même
» morceau d'or ; la pyrite de 56
» marcs que nous avons vûe à l'A-
» cadémie, étoit à un endroit à 23
» karats $\frac{1}{2}$; à un autre endroit, à 23;
» & à un autre, à 22. Celle de 63
» marcs du P. Feuillée étoit à sa par-
» tie supérieure de 22 karats 2 grains;
» un peu plus bas, à 21 karats $\frac{1}{2}$ grain;
» à deux pouces de sa partie infé-
» rieure elle n'étoit qu'à 17 karats $\frac{1}{2}$.
» Il n'est pas bien sûr que celle que
» l'on nomme partie supérieure, le fût
» lorsque la pyrite étoit en terre ».

M. Henckel avoit déja remarqué dans ses *Opuscules minéralogiques*, qu'il est très-rare de trouver l'argent parfaitement pur & sans une portion d'arsénic, ce qui fait que l'usage intérieur en est toujours dangereux. Cela ne peut guères être autrement, attendu que l'arsénic & le mercure sont les causes principales qui font paroître les métaux sous une forme native, comme nous l'avons prouvé. Malgré cela l'expérience nous apprend que l'on rencontre quelquefois de l'argent natif, pur & dégagé de toute matiere étrangere. En 1752 il s'en est trouvé en masses assez considérables à Freyberg dans la mine de Himmelfurst. La même chose est arrivée en 1728 dans le Duché de Wirtemberg, & le Duc, alors régnant, en fit faire des écus & des florins avec son portrait, & sur le revers on grava le nom de la mine d'où cet argent avoit été tiré. M. Lars Benzelstierna dans les *Mémoires de l'Académie de Suéde*, année 1741, page 279 de la traduction Allemande, fait mention de treize piéces de monnoie qui ont été pareillement faites avec de l'argent natif, qui avoit été trouvé dans la mine de Brattfors en Wermeland. L'on y voit d'un côté une montagne avec les armes de Wermeland, & l'inscription, *Tuetur & ornat*, parce que ses mines fournissent du fer pour les armes, & de l'argent pour le luxe; au-dessus de la montagne est l'année M. DCC. XXVI. Sur le revers on lit ces mots: *Argilla mater Marte cincta hocce argentum nativum genuit in ferri fodinis. Nordmarck Wermeland.* J'ai rapporté ces faits pour prouver qu'il n'eſt pas abſolument rare de trouver de l'argent natif très-pur. J'ai auſſi vû de l'or natif qui étoit d'une très-grande pureté ; & un de mes amis m'en a montré un morceau à Dreſde, peſant près d'un marc, qui venoit d'Amérique, du titre de 23 karats & demi.

Je dois encore obſerver ici que dans preſque tout l'argent natif que j'ai examiné par le moyen de l'eau-forte, j'ai trouvé un veſtige d'or, mais il n'étoit point en aſſez grande quantité pour mériter qu'on en fît le départ. En effet, ces deux métaux ont une très-grande affinité, ils ont les mêmes propriétés dans le feu, ce ſont à-peu-près les mêmes cauſes qui les font paroître ſous une forme native ; il n'eſt donc pas étonnant qu'on les trouve ſouvent unis quand ils ſont natifs. Je ne ſçache point qu'il ſe trouve d'autres métaux natifs avec eux. Le fer & l'étain ne ſe trouvent jamais avec les métaux natifs, c'eſt plutôt avec ceux qui ſont minéralisés ; c'est ainsi qu'à l'aide de l'aiman on tire du fer de la mine d'argent rouge, après qu'elle a été grillée : & l'on peut contrefaire parfaitement les crystaux de cette mine, en prenant une chaux d'argent, du *Lapis Pyrmieson*, & du saffran de Mars. Si on joignoit simplement du soufre avec l'argent, on auroit de la mine d'argent vitreuse ; mais lorsque le soufre est plus chargé de parties métalliques, il rend les métaux aigres & cassans : outre cela il leur fait prendre une autre couleur ; la raison pour laquelle l'aiman attire du fer de la mine d'argent rouge après qu'elle a été grillée, c'est 1°, parce que le fer, tant qu'il est uni avec l'arsénic, n'est point attirable par l'aiman ; il faut que l'arsénic en ait été dégagé par le grillage. 2° C'est parce que les particules de fer sont enveloppées d'un trop grand nombre de parties d'argent, pour que l'aiman puisse agir sur elles. 3° Par le grillage il se fait, quoiqu'imparfaitement, une fusion des parties martiales, de sorte qu'on doit les regarder comme du véritable fer, mais très-impur. Pour prouver ce que j'ai dit, il suffit que le fer s'unisse aisément avec d'autres métaux , mais il faut que cela n'arrive que lorsqu'ils sont minéralisés. Le cuivre a une affinité particuliere avec l'or & l'argent, mais il faut qu'il soit en petite quantité , & il a ordinairement ses mines particulieres, dans lesquelles il n'est le plus souvent combiné qu'avec le soufre seul, comme dans la pyrite. L'étain & le fer entrent souvent dans les mêmes mines ; car quoique le premier de ces métaux ait la propriété de rendre tous les autres métaux aigres & cassans, pour peu qu'il soit mêlé avec eux , il ne laisse pas de se séparer du fer dans la fusion ; la matiere qui se dégage alors, dans laquelle il se trouve un peu d'étain & d'arsenic , fait ce qu'on appelle le *Heerdling* : cela ne forme pas du zinc, comme le prétend M. Homberg ; mais c'est, selon moi, une combinaison de fer , d'arsénic & d'une grande quantité de phlogistique. Le plomb dans l'état de mine s'unit avec l'argent, par préférence à tout autre métal, c'eſt ce que prouvent toutes les mines de plomb du monde, à l'exception de celle de Villach *. Le fer ſe charge de toutes les mines & métaux, cependant il marque de la préférence pour l'or & le cuivre. Un phénomène digne de remarque, c'eſt que dans toutes les mines de fer on trouve un léger veſtige d'or, & même en général on peut parvenir à tirer un atome d'or du fer, comme on peut le voir dans le *Laboratoire chymique* de Kunckel, page 353. Tous les cailloux & quartz qui contiennent de l'or, prouvent ce que j'avance, car ſi on les examine avec ſoin, on verra qu'il n'y a de l'or que dans celles de ces pierres qui ſont fendues & gerſées, & ſur les

* Villach eſt une ville de Carinthie; la mine de plomb qui s'y trouve eſt blanche, & l'on aſſure que le plomb qu'on en tire ne contient point du tout d'argent, par-là il fait une exception à la régle générale; c'eſt pour cela que l'on ſe ſert en Allemagne de ce plomb préférablement à tout autre dans les eſſais, pour plus d'exactitude.

gerſures deſquelles il y a de l'ochre ou de la terre martiale ; c'eſt de cette eſpéce que ſont les mines d'or de Saalfeld, de Naïla, celles de Hongrie, celles de Reichſtein, & de la mine de Goldeſel en Siléſie. Ainſi l'expérience prouve la vérité du proverbe des Mineurs, qu'*il n'y a point de mine, quelque riche qu'elle ſoit, qui n'ait un chapeau de fer*. Et ne ſçait-on pas que la pyrite blanche, ou pyrite arſénicale, que l'on nomme *miſpikkel* en Allemand, & qui eſt une combinaiſon de fer & d'arſénic, s'aſſocie à preſque toutes les mines, & leur eſt quelquefois avantageuſe, comme Henckel le prouve dans ſa *Pyritologie* ; la propriété qu'elle a de produire l'argent avec la craie, l'alcali volatil qui s'en dégage lorſqu'on la mêle avec une terre ſimple, & le régule arſénical volatil qui, ſuivant l'expérience de M. Neudez, s'en éleve, ſont trois expériences qui méritent un examen ultérieur. En général, je crois qu'il y a bien des choſes que nous regardons actuellement comme nuiſibles, qui, ſi elles nous étoient mieux connues, nous procureroient de l'avantage ; alors nous sçaurions mieux ce qui peut encore leur manquer, nous tâcherions de lier plus étroitement leur partie volatile ; peut-être que cela contribueroit aussi à enrichir les mines quand on les traite au fourneau de fusion, tandis qu'actuellement l'arsénic ne fait qu'enlever & dissiper une portion du métal qu'elles contiennent.

Nous avons vû jusqu'à présent ce que l'on appelle en général *matrices métalliques*, nous avons indiqué les substances que l'on ne peut point mettre dans ce nombre, & nous avons dit quels sont les corps qui sont propres à faire cet office ; cela nous met en état d'en faire une division plus exacte : nous les diviserons donc en matrices *générales* & en matrices *particulieres*, car l'on ne peut point tirer de conséquences de quelques faits rares & extraordinaires, par lesquels on trouve quelquefois des métaux dans les animaux, dans les végétaux, &c.

A l'égard des matrices générales, ce font les fentes des montagnes & les filons qui les fourniffent. Mais par matrices particulieres j'entends les différentes efpéces de minéraux ou de foffiles, dans lefquels nous trouvons des métaux, foit que ce foient des mines, ou des pierres, ou des terres, &c. Nous commencerons par examiner les matrices générales, nous pafferons enfuite aux matrices particulieres.

Nous avons dit que les matrices générales des métaux étoient les fentes & les filons qui font dans le fein de la terre. L'on nomme fentes les efpaces que l'on trouve dans les montagnes, qui ont été formés par la féparation des roches. Les filons ne doivent être regardés, felon moi, que comme des fentes de cette efpéce que la nature a remplies d'une efpéce de pierre, de métal, de mine, de terre argileufe, &c. qui fe diftinguent d'une façon fenfible de la pierre ou roche qui fe trouve à côté d'elle. Il n'eft point de mon fujet de parler ici de la divifion, eu égard à leur direction, à leur inclinaison, &c; mais on me permettra de hasarder quelques conjectures que je ne prétends point donner pour des vérités constantes, & qui pourtant ne sont point entiérement destituées de fondement. Je regarde les filons que nous mettons à découvert par le travail des mines, comme les branches d'un grand tronc qui, suivant les apparences, est placé dans l'intérieur de la terre, auquel on ne peut point parvenir, à cause de sa trop grande profondeur. Ainsi les grands filons peuvent être comparés aux principales branches d'un arbre, & les moindres filons aux rameaux de ce grand tronc métallique. Ce que je dis ne paroîtra point tout-à-fait hors de vraisemblance, si l'on fait attention que la nature a placé son attelier pour les métaux dans les profondeurs de la terre, où elle s'occupe à élaborer leurs parties élémentaires; elle les pousse ensuite vers la surface de la terre sous une forme humide ou en vapeurs, de même qu'elle fait monter la séve des arbres, alors les fentes rempliſſent la fonction des tuyaux ou des fibres, par leſquels la ſéve s'éleve dans les végétaux. Par la nature je n'entends point ici un eſprit univerſel ou l'*Archæus*, tel que quelques Auteurs nous l'ont repréſenté, & entre autres Sendivogius dans le *Novum Lumen chymicum*, Traité IV. pag. 395; mais j'entends ce qui forme les premiers principes, tant des métaux & minéraux, que des végétaux, c'eſt-à-dire, la force productive que Dieu a donnée à la nature, ou aux cauſes méchaniques des corps, au moyen de laquelle elles ſont dans un mouvement perpétuel, elles éprouvent ſans ceſſe des changemens, & par-là elles produiſent une infinité d'êtres qui ſe préſentent à nos yeux ſous différentes formes. Il ne faut donc pas ſe figurer que les principes ſoient préparés dans les profondeurs de la terre, de façon qu'il doive néceſſairement en réſulter telle ou telle ſubſtance; les parties élémentaires de tous les corps, tels qu'ils ſont préparés dans le ſein de la terre, ſont certainement de la même nature, mais la différence qui se trouve entre les corps qui en résultent, ne vient que de la différente combinaison qui a suivi, & elle ne dépend que de l'union plus ou moins intime, qui est faite des parties qui étoient plus ou moins abondantes; union qui a été accompagnée de circonstances particulieres, & d'une action particuliere de ces parties les unes sur les autres, &c: selon que deux ou plusieurs des corps ainsi composés sont venus à se réunir, il s'est formé de nouveaux êtres que l'on nomme *composita*, *decomposita*, *superdecomposita*. Ainsi il n'y a point d'autre moyen de connoître la nature & ses opérations, qu'en décomposant les corps qu'elle a combinés; cela nous met en état de conclure, mais seulement par conjecture, de la maniere dont ils ont pû se former: nous n'avons pas là-dessus de certitude complette, attendu qu'une chose peut être produite par plusieurs causes différentes. Si nous connoissions les proportions que la nature emploie dans la composition des corps, si nous sçavions exactement les poids dont elle se sert pour combiner leurs parties élémentaires, & si nous étions instruits du point de repos & du degré de mouvement qu'elle a observé dans ces mêlanges, il n'est pas douteux que nous ne fussions en état de connoître les propriétés des êtres créés, & sur-tout des minéraux & des métaux, & nous regarderions comme parfaites dans leur genre bien des choses que nous traitons actuellement d'imparfaites, de non mûres, &c. En effet, je suis convaincu que chaque être composé, sur-tout parmi les minéraux, est parfait dans son espéce, & a son vrai degré de fixité au feu ; cependant ce n'est point lorsqu'il est sous une forme brute, ainsi il ne peut y avoir de mine d'or qui ne soufre du déchet. Peut-être aurions-nous plus de succès dans nos découvertes, si nous y apportions un esprit dégagé de préjugés, mais communément nous suivons un chemin battu, une routine de procédés chymiques qui est la même pour l'examen de tous les minéraux ; nous nous propoſons d'y trouver un des ſix métaux connus, & lorſque nous ne trouvons rien de cette maniere, nous plaçons ſur le champ le corps que nous avons examiné, au rang des choſes inutiles. Lorſque la nature ſeule a fait connoître un arbre provenu des pepins d'une pomme de Borsdorf; eſt-on en droit d'attendre que les pommes qu'il portera ſeront de l'eſpéce de celle de Borsdorf ? Il eſt vrai qu'un tel pommier eſt venu de pepins qui étoient dans des pommes de cette eſpéce, il en a les racines, le tronc, les branches, les fleurs, les feuilles, &c. qu'un pommier de cette eſpéce doit avoir, malgré cela on ne trouve pas que ſon fruit ſoit le même. Que lui manque-t-il donc ? Rien, ſinon que la main du Jardinier lui donne les ſecours convenables. Il en eſt de même de beaucoup de minéraux, il ne leur manque que les ſecours que nous pourrions leur donner, en leur joignant d'autres corps convenables, en les ouvrant par des diſſolvans ou menſtrues, &c. Les eſſais en petit prouvent aſſez ordinairement combien des expériences faites dans ce goût peuvent produire d'avantages. On me dira qu'une choſe peut réuſſir en petit, mais qu'on ne retireroit point ſes frais dans le travail en grand. J'en conviendrai, lorſqu'il s'agira de la plûpart des opérations chymiques qui exigent des additions coûteuſes, des diſſolvans & des mêlanges avec des métaux parfaits : mais qui eſt-ce qui s'eſt donné la peine d'examiner avec ſoin les ſubſtances minérales les plus mépriſées ? Sçait on ſi elles ne favoriſeroient pas la fuſion des mines, des pierres difficiles à fondre, & des ſubſtances volatiles & rapaces ; ſçait-on ſi elles ne leur donneroient pas de la liaiſon, de la fixité, & ſi de ces deux choſes il ne réſulteroit pas une quantité plus grande de métal ? Ce ſeroit une occupation utile pour des Sçavans qui ont du loiſir & des facultés, que celle d'examiner les métaux & les mines, en les joignant avec toutes les eſpéces de terres, de pierres, de ſels, &c. Qui ſçait ſi on ne trouveroit point parmi ces ſubſtances quelque choſe qui pourroit améliorer & augmenter les autres métaux, comme la calamine, lorſqu'on la joint au cuivre ? On pourroit s'y prendre de la même façon que M. Pott a fait déja avec tant de ſuccès pour les terres & les pierres. Mais on ne doit regarder tout ce que je dis que comme des conjectures & comme des projets ; il ſuffit que j'aie prouvé que les fentes & filons ſont les vaiſſeaux dans leſquels la nature engendre & compoſe les métaux, tant ceux qui ſont natifs ou vierges, que ceux qui ſont minéraliſés par la combinaiſon de leurs parties élémentaires ; on ne peut donc ſe diſpenſer de les regarder comme les matrices générales des métaux.

Si je ne craignois de m'écarter trop de mon ſujet, je pourrois parler ici de la diviſion des quatre eſpéces de filons principaux qui ſe trouvent dans le ſein de la terre. Ou ſi je voulois prendre le ton des Cabaliſtes à l'occaſion des quatre filons dont la direction eſt vers les points cardinaux du monde, je parlerois des *quatre fleuves du Paradis* qui avoient leur cours vers ces mêmes points. Mais laiſſons-là ces rêveries ; ceux qui ſont curieux de pareilles fantaiſies, n'ont qu'à lire Georgius Angelus Salwigt dans ſon Traité *de l'origine & de la formation du Sel*, in-4° 1729, imprimé à Saltzbourg, ou plutôt à Berlin ; & l'Ouvrage qui a pour titre, *Eugenii Philalethæ Magia adamica*.

Outre ces fentes & filons, l'on doit encore mettre au rang des matrices métalliques ce que les Mineurs appellent les *ſalbandes* des filons ou les liſieres qui les ſéparent de la roche. On entend par-là la partie de la roche qui borne les filons par les deux côtés ; on doit les regarder comme des matrices, puiſqu'ils renferment & contiennent des métaux. Il faut convenir que la nature a ſemblé prendre un ſoin tout particulier des mines & métaux, en employant communément pour ces liſieres une espéce de pierre qui n'eſt ni trop dure, ni trop tendre. Je dis, communément, car l'expérience prouve qu'il y a auſſi des *ſalbandes*, ou liſieres, qui ſont de la nature de la pierre cornée ou du jaſpe, tandis que d'autres ſont argilleuſes & terreuſes : ces dernieres ſont celles que les Allemands nomment *beſteg*. Les liſieres ſervent à recevoir les exhalaiſons & vapeurs métalliques qui s'y attachent, ainſi que les particules métalliques qu'elles y dépoſent peu-à-peu. Si ces liſieres ſont d'une dureté médiocre, les vapeurs & l'humidité peuvent y pénétrer, tel eſt le ſpath : mais ſi elles ſont trop dures, telles que le quartz, la pierre cornée, &c. les particules métalliques demeurent attachées à la ſurface. De-là nous voyons que ſouvent les ſpaths qu'on trouve dans le voiſinage des filons, contiennent une portion aſſez conſidérable de métal, ſans qu'au coup d'œil on puiſſe les en ſoupçonner. La même choſe arrive à quelques eſpéces de *blendes*. Il y a auſſi des métaux qui ont plus de diſpoſition que d'autres à pénétrer dans ces sortes de pierres ; le cuivre, par exemple, à l'aide de son acide vitriolique, pénetre plus avant dans la pierre que l'or, le plomb, l'étain, &c. en tant que les métaux pénetrent dans les *salbandes* ou lisieres des filons, on doit regarder ces lisieres comme des matrices métalliques. Il y a donc quelques-unes de ces pierres qui à cause de leur dureté ne reçoivent les métaux qu'à leur surface, mais elles sont propres à recevoir toutes les espéces de métaux, telles sont le quartz, le spath, &c. D'autres pierres ne sont disposées à recevoir qu'une espéce de métal, telle est l'ardoise, la malachite, le *Lapis Armenus*. Le sable, & surtout celui des rivieres, contient par préférence de l'or & de l'argent ; cependant on ne peut point décider si c'est comme sable qu'il est la matrice du métal qu'on y découvre, attendu qu'on auroit de bonnes raisons pour croire que les métaux qui s'y trouvent, sont des fragmens & des débris détachés des filons qui par des accidens, & ſur-tout par la violence des eaux, ont été arrachés des roches placées ſur les bords des rivieres, ou des pierres qui ont déja été portées dans le fond du lit de ces mêmes rivieres. Si ces roches ou montagnes contiennent des métaux, ou ſi elles ont des filons, dans leſquels il ſe trouve des métaux natifs, & qui ſoient à découvert, on trouvera du ſable métallique, ou même des grains de métal ductiles & qui s'étendront ſous le marteau. On peut dire la même choſe de la mine d'étain & des autres mines qui ſe trouvent répandues en petits morceaux dans la terre. Il eſt rare de trouver du ſable qui contienne du cuivre; on en ſent aiſément la raiſon, c'eſt que la mine de cuivre la plus ordinaire eſt une pyrite que l'eau décompoſe très-promptement. Quoique les matrices métalliques de cette eſpéce ſoient communes, cependant il y a de certaines pierres ordinaires & communes, qu'il eſt très-rare de trouver parmi les matrices métalliques. Henckel met la pyrite au nombre de celles qui sont rares, sur-tout pour contenir de l'argent; cependant on lui en avoit montré une qui contenoit de l'argent natif. Voyez la *Pyritologie*, chap. 3. Mais nous aurons encore occasion d'en dire quelque chose plus loin. Il en est de même des *fluors* ou pierres colorées de différentes couleurs, à la surface desquelles on trouve très-rarement du métal attaché, je vais exposer en peu de mots ce que je pense de ces pyrites & de ces *fluors*. La raison pour laquelle la pyrite ne donne point entrée aux métaux, c'est qu'elle contient une trop grande quantité d'acide vitriolique; comme ce sel est déja par lui-même un sel métallique & même un vrai métal, qui est parfaitement développé, il n'est guères possible qu'un autre métal y pénetre. Cependant Cardan *de subtilitate*, lib. 5. pag. 290. prétend avoir vû une pyrite dans du marbre blanc, qui étoit si riche en or, qu'on ne pouvoit guères décider si c'étoit l'or qui avoit été porté sur la pyrite, ou si la pyrite avoit été

été formé sur de l'or ; mais on sçait qu'on ne peut pas trop compter sur ce que dit cet Ecrivain. On ne peut pas plus ajouter foi à ce qu'il dit au même endroit, que le cobalt est formé par la combinaison d'une pyrite avec de l'argent ; il suffit qu'il est très-rare de voir la pyrite mêlée avec des métaux, & même Henckel soutient que lorsque la pyrite donne au quintal plus d'une dragme d'or, il faut attribuer ce phénomène non à la pyrite, mais à d'autres substances qui s'y trouvent mêlées & répandues. Nous rapporterons plus loin ses propres paroles, lorsque nous traiterons en particulier de chaque espéce de matrice métallique. Il est tout aussi rare, & même plus rare encore de trouver du métal attaché aux pierres précieuses, tant véritables que fausses, ou fluors. Je ne nie point cependant que cela ne puisse arriver quelquefois, car j'ai vû des grenats de Norwége, sur lesquels il y avoit des petits feuillets d'argent natif ; on montre aussi des grenats d'Hongrie, sur-tout ceux des monts Crapacks, à la ſurface deſquels on voit de l'or natif; je ne ſuis cependant pas encore convaincu de la réalité de ce dernier ; je regarde tous ceux que j'ai eu occaſion de voir, comme des grenats à la ſurface deſquels il s'étoit formé de la pyrite, ſur quoi je crois devoir avertir qu'il en eſt de même du *lapis lazuli*, & que les petites taches de couleur d'or qu'on y remarque, ne ſont point de l'or, mais de la pyrite jaune. On eſt ſouvent expoſé à de pareilles mépriſes dans le régne minéral ; je vais en rapporter un exemple. On me donna un jour un petit morceau de porphyre antique, taillé en tablettes, & poli ; on me dit de regarder avec quelle fineſſe l'argent y étoit répandu ; en effet, on y voyoit de petites taches blanches & métalliques, mais en les regardant avec attention, je m'apperçus que ces petites taches n'étoient autre choſe que des particules que cette pierre, qui eſt extrêmement dure, avoit détachées de la roue de cuivre & de plomb du Lapidaire. Mais pour rendre raiſon pourquoi on ne trouve point de métal natif, ni ſur les pierres précieuſes, ni ſur les cryſtaux ou fluors de différentes couleurs; je dirai, 1°, que cela vient de leur tiſſu & de leur ſtructure intérieure, car quant aux vraies pierres précieuſes, on connoît aſſez leur dureté qui met obſtacle à l'entrée des exhalaiſons métalliques. C'eſt pour cela que lorſqu'on y trouve quelque portion métallique, ce n'eſt uniquement qu'à la ſurface de ces pierres, & le métal y tient ſi foiblement, qu'il ſe détache ordinairement auſſi-tôt qu'on y touche. Mais le tiſſu des cryſtalliſations ou des fluors ſpathiques, eſt ſi tendre & ſi rempli de gerſures, que ces exhalaiſons paſſent tout au travers ſans pouvoir y en dépoſer beaucoup; cependant on ne peut pas nier que les couleurs qu'on remarque dans ces pierres, ne viennent de quelque métal, & même on voit que les exhalaiſons métalliques ont agi ſur ces pierres dans le tems qu'elles étoient encore molles, comme on peut s'en aſſûrer par la maniere dont on contrefait artificiellement les cryſtaux ou pierres colorées. Mais d'un autre côté on ne peut décider ſi ces métaux ſont entrés dans ces pierres ſous la forme d'un vrai métal, ou ſous celle d'une terre métallique. Voyez les *Opuſcules minéralogiques* de Henckel. 2° Les ſurfaces trop unies & trop liſſes de ces pierres contribuent encore beaucoup à empêcher que le métal ne s'y attache, & quand cela arriveroit, le mouvement de l'air & de l'eau ſeroit en état de détacher la petite portion qui s'y feroit placée, parce qu'elle ne trouveroit rien ſur ces ſurfaces unies à quoi pouvoir s'accrocher ; c'eſt ce qui arrive lorſque ces particules ſont portées ſur des ſubſtances plus raboteuſes & compoſées de parties plus groſſieres. C'eſt pour la même raiſon qu'on ne trouve ordinairement que des pyrites ſur des ſpaths de cette eſpéce, parce que l'acide vitriolique qu'elles contiennent, leur donne de la priſe ſur leur terre, & fait qu'elles peuvent s'y attacher plus fortement, Il eſt donc certain que ces ſortes de pierres ne doivent point être regardées comme étant proprement des matrices métalliques, elles ne le deviennent que par accident ; en général, il y a peu de matrices métalliques qui ſoient parfaitement ſimples ; ce ſont ordinairement des pierres mêlangées ou compoſées. En effet, quoique nous trouvions ſouvent des filons entiers qui ne ſont compoſés que de ſpath, de pierre cornée, de quartz, &c. il ne s'agit ici que de ce qui arrive le plus communément ; il n'y a même point de métal qui ne ſoit étroitement uni avec une matrice minérale, à l'exception de l'étain ſeul ; il eſt vrai que ce métal ſe trouve communément tantôt dans la pyrite blanche, tantôt dans les fluors ou cryſtalliſations ſpathiques, &c. mais ſa mine, proprement dite, ne reçoit rien d'étranger dans ſa mixtion, & il ſembleroit que cette mine a été déja parfairement compoſée avant que la pyrite, le fluor, le ſpath, le quartz, &c. qui l'environnent, aient été formés. C'eſt pour cela que les mines d'étain se séparent aisément de la substance qui leur sert d'enveloppe, ce que nous ne voyons point dans les autres métaux. Il paroîtroit que l'étain n'a pas besoin de matrice, & qu'il a la propriété de se minéraliser au moyen de l'arsénic qui lui est uni, du soufre, & d'une quantité plus ou moins grande de terre martiale; de-là vient aussi la difficulté de contrefaire ces mines par l'art.

On voit par ce qui précede que souvent dans la terre une substance peut devenir une matrice métallique, tandis que sans des accidens elle ne le deviendroit pas; cela arrive, parce qu'il ne se présente pas d'autres corps solides, auxquels les parties métalliques puissent s'attacher; car il y a de la différence entre les corps que la nature a disposés à cet usage, & ceux qui ne deviennent tels que par de purs accidens. Nous parlerons des premiers dans la derniere Section de cet Ouvrage, & je vais encore dire deux mots des derniers. Les végétaux dont nous avons déja suffiſamment traité, ſont des corps de cette derniere eſpéce; il y a auſſi des ſubſtances du régne animal, & même je puis mettre dans ce nombre les corps qui du régne végétal ont paſſé dans le régne minéral, & les bois qui ont ſouffert de l'altération dans le ſein de la terre; il eſt remarquable qu'on en trouve beaucoup qui ſont métalliques; le bois de chêne ſur-tout donne ſouvent une mine de fer très-riche; la mine d'Orbiſſau en Bohême nous en fournit un exemple. Qui pourra dire par quelle révolution une ſi prodigieuſe quantité de ces arbres a été portée dans le ſein de la terre, comme on le voit ſur-tout en Angleterre? dans quel tems cet événement eſt arrivé? par quel accident trouve-t-on dans l'intérieur de la terre le bois que nous voyons actuellement changé en charbon de terre, ou plutôt en charbon de bois pénétré de bitume? Je ne ſçais ſi l'on peut expliquer tous ces phénomènes par le Déluge univerſel, ou s'ils ſont dûs à des inondations particulieres. Ce ſentiment me paroît le plus probable, mais cela ne leve point la difficulté fondée ſur la grande profondeur où ces bois ſe trouvent actuellement enfouis. Ne pourroit-il point ſe faire que dans des tems très-reculés, & même avant que quelques pays fuſſent habités, il y eût eu dans certains endroits des embraſemens ſouterreins qui n'ayant point rencontré d'obſtacles, ſe sont étendus de plus en plus dans le ſein de la terre, juſqu'à ce qu'à la fin la terre ſe ſoit affaiſſée, & ait englouti tous les corps, tels que les animaux & les arbres, qui ſe trouvoient au-deſſus d'elle ? Lorſqu'enſuite la matiere inflammable & bitumineuſe, ainſi que l'acide vitriolique, ſe sont amaſſés de nouveau, ils ont pénétré le bois & les arbres engloutis, & les ont peu-à-peu changés en charbon de terre. Qui ſçait d'où vient le ſuccin qu'on rencontre en différens endroits ? Ce que je dis ici n'eſt pas une opinion qui me ſoit particuliere ; je puis citer pluſieurs Sçavans qui ont eu les mêmes idées;

tels ſont, entre autres, Henckel dans ſes *Opuſcules minéralogiques* ; Chriſtian Lange dans ſon Traité *de Thermis Carolinis*, imprimé à Leipſick en 1653. cap. 2. §. 40. & 41. Seip dans ſa *Diſſertation ſur les Eaux minérales martiales de Pyrmont*, édition de 1719, page 70. Quoiqu'on ne puiſſe pas donner ce ſentiment pour une vérité inconteſtable, il a pourtant beaucoup de vraiſemblance, & je crois qu'on peut l'adopter, juſqu'à ce qu'on en trouve un plus ſatisfaiſant. Ces végétaux ainſi altérés peuvent quelquefois devenir accidentellement des matrices métalliques, ſur-tout à cauſe de la pyrite qui s'y trouve ſouvent mêlée. Je préſume que le Lecteur s'appercevra que ce que j'ai dit juſqu'ici ne doit s'entendre que des bois changés en charbon, car il ne s'agit point ici des autres. On diſtingue aſſez clairement par-là les ſubſtances qu'on peut mettre au nombre des matrices métalliques, & l'on voit que lorſqu'on voudra parler exactement, on ne pourra point toujours donner ce nom aux corps que l'on trouve joints avec des métaux. En effet, il est aisé de s'abuser lorsqu'en rencontrant deux ou trois espéces de métaux réunis sous un même morceau de mine, on croit que l'un est la matrice de l'autre, tandis que chacun a sa mine & sa matrice particuliere. Cela peut souvent venir de ce que deux ou trois filons marchent à côté les uns des autres, ou de ce qu'un filon en traverse un autre, tel que celui dont parle M. Hoffmann dans le Traité que nous avons déja souvent cité §. 34. qui se trouve à Ehrenfriedersdorf dans la mine du *nouveau bonheur*, où l'on a trouvé de l'argent natif sur de la mine d'étain, tandis qu'on sçait que cette mine ne sert guères de matrice à d'autres métaux. Et quand on voudroit prouver que la chose est possible, en disant que l'arsénic qui est abondant dans l'étain, a produit cet argent en se saisissant d'une terre métallique, suivant l'expérience qu'Henckel a faite sur la pyrite arsénicale, l'étain ne pourroit pas même dans ce cas être regardé proprement comme la matrice de cet argent. Je ne voudrois cependant point m'obſtiner à nier la poſſibilité que l'étain & l'argent ne puiſſent être formés l'un ſur l'autre, puiſque nous voyons, quoique très-rarement, que la nature a placé de l'or ſur des filons de mine d'étain; d'où l'on peut conclure qu'elle pourroit de même faire entrer de l'argent dans ſon mêlange. Cependant cette conjecture n'a point lieu par rapport à la mine d'Ehrenfriedersdorf, dont nous avons parlé, & que nous avons citée en exemple, car M. Hoffmann obſerve qu'il ſe joint au mélange, dont il s'agit, d'autres filons, parmi leſquels il y en a un entre autres, qui contient beaucoup de mines d'argent. Voyez l'*Académie des Mines de la haute Saxe* par Zimmermann, part. 3. Il eſt donc poſſible, & l'expérience journaliere le prouve, que l'on trouve ſouvent pluſieurs eſpéces de mines confondues enſemble, que chacune contient un métal qui lui eſt particulier, mais qu'il eſt impoſſible de le ſéparer à coups de masse ou de marteau, attendu que ces mines sont mêlées en particules très-déliées ; il arrive de-là que souvent dans des catalogues de mines on donne des noms à des mines qui examinées attentivement, se trouvent être toute autre chose que ce qu'on avoit pensé ; cela me fait croire qu'on rendroit la Minéralogie beaucoup plus abrégée & plus facile, si l'on en bannissoit une infinité de mines particulieres, dont on est obligé souvent de faire une classe séparée, uniquement à cause d'un minéral ou d'un métal qui n'y est que simplement attaché sans entrer dans sa mixtion, tandis que réellement ce ne sont souvent que des mines d'une espéce très-connue, mais que le hasard fait trouver dans une pierre, dans laquelle on n'a point coutume de les rencontrer, qui ne contribue en rien à leur minéralisation, sans laquelle elles seroient tout ce qu'elles sont, & sur qui elles ont été portées par un pur accident. M. Hoffmann a donc raison de dire que dans une description exacte des morceaux de mines il eſt bon de noter à part chaque choſe qui ſe trouve dans un même morceau de mine, & de la décrire, par exemple, de cette maniere; *De l'argent natif dans du quartz, avec de la mine de plomb & de la mine d'argent rouge : de l'or natif ſur du quartz, avec de la pyrite & de la mine d'antimoine*, telle qu'eſt celle qui vient d'Hongrie, &c. Ces obſervations font voir que les matrices des métaux ſe forment de différentes manieres & en différens tems. Il y en a qui ſont déja toutes prêtes avant que le métal les minéraliſe ; d'autres forment des mines en même tems que lui. Les matrices de la premiere eſpéce, parmi leſquelles on doit compter pluſieurs pierres, exiſtoient déja avant que les parties métalliques s'y inſinuaſſent ou s'y attachaſſent, mais la nature les a diſpoſées de maniere que nonobſtant la ſolidité de leur tiſſu, elles ſont propres à cette conception, ſi l'on en excepte pourtant, comme nous l'avons déja dit, celles qui ſont trop dures, telles que la la pierre de corne, le quartz, &c. qui ne méritent le nom de matrices métalliques, que parce qu'elles les reçoivent ſur leur ſurface extérieure. Quant aux matrices de la ſeconde eſpéce qui ſe forment en même tems que les métaux, on les reconnoît en ce qu'elles ſont plus exactement combinées avec le métal. Les ſubſtances minérales, telles que le ſoufre & l'arſénic, ſont de cette eſpéce, étant diviſées en particules auſſi déliées que le métal lui-même, elles ſont portées de même que lui par les exhalaiſons ſouterreines & les eaux, & par-là elles forment une mine; ainſi ces ſubſtances ſont portées en même tems ſous terre ſur des corps ſolides, & comme toutes deux ſont également ſubtiles, elles ſe combinent enſemble, & de cette combinaiſon il en réſulte une mine. Les *guhrs* qui contiennent de l'argent, dont nous avons parlé ci-devant, peuvent ſervir de preuve à ce qui vient d'être dit. En effet, la formation journaliere des pierres nous prouve que des corps fluides & mous peuvent devenir durs ; c'eſt auſſi ce que démontrent une infinité d'incruſtations métalliques, dans leſquelles on voit clairement que des métaux, des terres, des minéraux, &c. s'uniſſent dans un état de fluidité & de molleſſe, & ſe durciſſent enſuite. L'art même eſt parvenu à faire prendre de la ſolidité à des corps fluides ; je ne citerai point ici l'expérience rapportée par Orſchall dans le *Sol ſine veſte* *, où il dit qu'on n'a qu'à faire un amalgame de trois parties d'étain d'Angleterre & de cinq parties de mercure ; auquel il faut ajouter enſuite un poids égal de mercure ſublimé, & diſtiller ce mêlange, en obſervant des manipulations particulieres ; cet Auteur aſſure que la liqueur qui paſſe à la diſtillation, a la vertu de coaguler l'eau de fontaine, & de lui donner la conſiſtence du cryſtal ; mais je ne m'appuyerai pas de cette expérience, qui n'a encore réuſſi qu'à très-peu de perſonnes.

* Ce Traité ſe trouve à la fin de la traduction de l'*Art de la Verrerie de Néri, Merret & Kunckel*, pag. 499.

J'en rapporterai deux autres, sur lesquelles il y a plus à compter; l'une est celle de Glauber; avec des cailloux préparés & du sel de tartre il fait une liqueur, dans laquelle on met du saffran de Mars bien édulcoré & séché, qui soit d'une consistence très-dure, il se dissout dans la liqueur, mais au bout de quelque tems il reparoît sous la forme d'une végétation tout-à-fait singuliere & d'une consistence assez solide. La même chose arrive, comme on sçait, mais sans végétation, avec le *liquor silicum*, alors la liqueur ne fait que prendre de la solidité. Voici la seconde expérience. On prend de verre une partie, & d'alcali purifié quatre parties; on fait fondre ce mêlange, on le dissout dans de l'urine récente; on laisse reposer la dissolution pendant quelque tems, elle se change en une gelée, & au bout d'un autre intervalle en une pierre très-dure. S'il étoit possible, ou s'il en valoit la peine de joindre à ce mêlange un métal très-divisé & très-atténué; il y a tout lieu de présumer qu'il ſe combineroit avec lui, & formeroit une eſpéce de mine artificielle. Je rapporte ces expériences pour exciter à en faire d'autres, qui ſervent à développer le méchaniſme de la formation des pierres & des mines. En effet, c'eſt par des combinaiſons ſemblables que ſe forment les mines; celle du plomb avec le ſoufre fait la mine de plomb ; celle de l'argent avec du ſoufre fait la mine d'argent vitreuſe ; l'argent, l'arſénic, le ſoufre & le fer font la mine d'argent rouge; le ſoufre & le cuivre font les pyrites cuivreuſes, &c. les métaux ainſi combinés prennent le nom de *mines.* Cela nous conduit naturellement à ce que nous avons à dire dans la Section V. qui ſuit ; nous y verrons que les mines doivent être conſidérées comme les matrices les plus propres des métaux, puiſque nous ſommes aſſurés que ce ſont elles qui le plus ordinairement mettent les métaux dans l'état de mine, & nous les préſentent ſous cette forme. Il a fallu commencer par établir tout ce qui précede, parce que c'eſt là-deſſus que ſont fondés nos principes, & qu'il eſt d'une très-grande importance, tant pour la connoiſſance des mines que pour leur exploitation, de ſçavoir ce qui doit en être dégagé pour que le métal ſe préſente à nous dans ſon état de pureté ; cependant il n'eſt point poſſible de déterminer exactement le poids & la quantité qui peut entrer dans chaque combinaiſon, parce que la nature s'eſt plû à lier les unes plus étroitement que les autres, & que ſouvent une partie de ce qui étoit entré dans la combinaiſon, eſt entiérement diſſipé avant qu'une autre commence à s'en dégager.

SECTION V.

Des Mines elles-mêmes comme Matrices naturelles des Métaux.

ON voit par ce qui a précédé que ce ſont les mines que nous devons regarder comme étant proprement les matrices des métaux. Le Lecteur ſçait déja que par *Mine*, nous entendons des métaux qui par leur combinaiſon avec d'autres ſubſtances minérales, ne ſont point entierement détruits, mais qui par-là ont ſeulement changé de forme, & demeurent privés de quelques-unes de leurs propriétés, telles que la ductilité, la fuſibilité, &c, & qui reſtent dans cet état juſqu'à ce que ces parties étrangeres en aient été dégagées. Comme il ne s'agit dans cet Ouvrage que des vrais métaux, on voit par-là que nous n'aurons pour objet que l'argent, le cuivre, l'étain, le plomb & le fer. On ſera peut-être ſurpris que j'obmette ici l'or, mais on ſe ſouviendra que j'ai déja fait remarquer que ce métal qui eſt le plus parfait de tous, ne reçoit jamais d'autres ſubſtances minérales dans ſa combinaiſon ni dans ſa mixtion. C'eſt pour cela que jamais on ne ſera en état de montrer une mine d'or proprement dite, dont on puiſſe aſſurer que l'or y eſt minéraliſé avec le ſoufre, l'arſénic, &c : au lieu que les autres métaux ſe préſentent à nous ſous la forme de tant de mines différentes, que l'on a lieu de croire qu'il eſt impoſſible de jamais parvenir à fixer toutes les variétés qui s'en trouvent. En effet, quand on ſçait de combien de voies la Nature ſe ſert pour nous dérober ſes opérations & ſes combinaiſons, que ſouvent elle produit une choſe pour la décompoſer enſuite, pour en joindre les parties à d'autres corps, & pour leur faire prendre des formes nouvelles ; on comprendra aiſément l'impoſſibilité ou du moins la grande difficulté d'une connoiſſance parfaite de la Minéralogie. Tant que nous n'aurons point de regle générale pour atteindre les rapports & les proportions des parties élémentaires des métaux les unes à l'egard des autres; tant que nous ignorerons combien la Nature fait entrer de ces parties; tant que nous ne sçaurons pas si elle les employe toutes à la fois ou si elle ne les employe que séparément, nos lumieres seront toujours très-bornées. On est presque forcé à être de ce sentiment, attendu que nous voyons tous les jours qu'il se présente de nouvelles productions, accompagnées souvent de formes qui ne nous font espérer rien moins que ce que l'examen exact nous y fait découvrir. Si on vouloit travailler à une Histoire Naturelle complette des mines, du moins de notre tems, (car nous avons peu de matériaux sur lesquels on puisse travailler, pour les tems antérieurs,) il seroit absolument nécessaire de donner une description de celles qui se trouvent dans les parties du monde les plus éloignées de nous. Mais on sent aisément que si on vouloit faire des descriptions qui donnassent, un détail des parties qui entrent dans la composition de chaque mine, de leurs proportions, de leur poids, de leur liaison, &c, ce seroit-là l'ouvrage d'un grand nombre d'hommes & de beauboup d'années; encore au bout de ce tems seroit-on fort peu en droit d'attendre un ouvrage complet. Il y auroit plus de possibilité dans ce projet, si, par exemple, une personne se chargeoit de ce qui regarde l'or, une autre de l'argent, &c. & qu'on en fît autant pour les demi-métaux, & même pour les minéraux, que chacun travaillât & fît des expériences variées sur le sujet dont il se seroit proposé l'examen, qu'il le mêlât avec d'autres substances, qu'on mît par écrit toutes ses opérations, pour en faire part à ses coopérateurs, qui de leur côté en useroient de même, & qu'on se rassemblât ensuite pour examiner en commun les expériences qui auroient été faites, afin de les rédiger & les mettre en ordre. En travaillant dans ce goût on pourroit parvenir peu-à-peu à faire un ouvrage général & qui seroit un corps de Doctrine. L'utilité qu'on en retireroit seroit peut-être plus grande qu'on ne pense. 1° On acquerroit par ce moyen une connoissance plus parfaite des métaux & des demi-métaux. 2° On ne manqueroit pas de tomber sur des découvertes, par la multiplicité des expériences, des mêlanges, des combinaisons, & des décompositions, qui peut-être dédommageroient amplement des dépenses que l'on auroit faites pour ces opérations. 3° On découvriroit peut-être comment la Nature compose les corps & de quoi elle se sert pour cela; en un mot, on pourroit approcher d'assez près de l'art de minéraliser les métaux & de faire des mines. 4° La Métallurgie, en retireroit des avantages infinis; car en suivant la route que je viens d'indiquer, on verroit quelles sont les substances les plus faciles à traiter, & la maniere de tirer parti de celles qu'on regarde comme stériles & comme entiérement inutiles. 5° On auroit par-là un travail d'après lequel on pourroit partir pour aller plus loin. Henckel nous a frayé le chemin pour la pyrite; M. Pott nous a donné ce qui regarde le zinc, le bismuth, la blende; pourquoi ne feroit-on pas la même chose sur les autres métaux & minéraux? Il est vrai que cela exige du tems & de la dépense; mais les avantages qui en résulteroient ne sont point à mépriser; car pour peu qu'on opere, le hazard présente des choses que l'on n'avoit point lieu d'attendre, & que l'on ne cherchoit en aucune façon. Bécher dans son *Port de prospérité*, a souvent travaillé dans ce goût, sans s'asservir à aucune regle dans les mêlanges qu'il faisoit; des Livres de cette espéce ne laissent pas de fournir matiere aux réflexions de ceux qui les lisent, c'est aussi le but des projets que je viens de tracer; ils ont de la réalité quoiqu'ils soient sujets à une infinité de difficultés: malgré cela je ne doute point qu'un grand nombre de Naturalistes ne s'unissent avec moi dans les vœux que je fais pour l'exécution d'un plan aussi utile.

Mais

Mais pour ne point trop m'écarter de mon ſujet, je vais parcourir avec plus d'attention les mines qui ſont propres à être les matrices des métaux. Les premieres ſubſtances qui ſe préſentent à nous ſont les métaux vierges ou natifs, ou que l'on trouve tout formés dans la Nature. L'or, qui comme nous l'avons déja fait remarquer, ſe trouve toujours natif, contient auſſi toujours de l'argent, ainſi à cet égard il doit être regardé comme matrice de l'argent; il en eſt de même de l'argent natif qui contient quelquefois de l'or. L'argent & ſes mines contiennent ſouvent des mines de plomb & de cuivre. Il en eſt de même des mines de cuivre qui contiennent fréquemment de l'argent & de ſes mines, des mines de plomb, &c, & même M. Hoffmann dans ſon Traité rapporte d'après Geſner *de omni foſſilium genere*, pag. 55, l'exemple d'un *lapis Armenus* avec de l'or natif. Il faut cependant convenir que des faits qui ne ſe préſentent qu'une fois, ou du moins qui ſont très-rares, ne ſuffiſent pas pour établir des regles générales. On ſçait que les mines de plomb ſur-tout celles qui ſont en cubes, contiennent très-ſouvent de l'argent; mais il eſt rare qu'il ſoit natif, c'eſt le plus communément de la mine d'argent blanche, rouge, vitreuſe, &c; cette vérité eſt ſi connue & ſi bien prouvée par les morceaux qui nous viennent d'un grand nombre de mines différentes, & dont les cabinets des Curieux ſont remplis, que je crois inutile d'en donner des exemples. On trouve encore des mines de plomb de deux ou de trois eſpéces différentes mêlées enſemble; telle eſt la mine de plomb de Zchopau en Saxe, ſur laquelle on voit de la mine de plomb blanche & verte & cryſtalliſée. La mine de plomb contient auſſi fréquemment de la mine de cuivre, ſur-tout ſous la forme de pyrite; elle contient auſſi de la mine de cuivre griſe, comme on peut voir par pluſieurs morceaux de mines qu'on trouve dans un grand nombre de collections. L'étain a cela de particulier qu'il ne ſe mêle avec aucun métal ou mine, ſi ce n'eſt avec le fer qui entre dans la compoſition de la pyrite blanche, dans laquelle l'étain se trouve très-communément. Mais le fer se trouve avec tous les autres métaux, il y en a cependant pour qui il marque de la préférence, & il est très-rare de le trouver joint avec le plomb. Un phénoméne remarquable, c'est que ce métal est le seul dans lequel on voye cette disposition à recevoir tous les autres métaux avec lesquels il s'unit si intimement, que l'on ne peut se dispenser de regarder la mine de fer comme la matrice des métaux que l'on y rencontre. L'étroite liaison qui est entre le fer & la plûpart des mines d'or connues jusqu'à présent ou plutôt avec les pierres qui contiennent de l'or, sembleroit nous indiquer que le fer contribue quelque chose de son être, pour la formation de l'or. En effet, que l'on considere telle mine d'or que l'on voudra, on la trouvera toujours plus ou moins ferrugineuse, soit qu'elle vienne de Hongrie, de Bohême, de Saalfeld, &c: c'est ce qu'on remarque sur-tout dans les mines d'or que l'on tiroit autrefois de Reichstein en Siléſie, de la fameuſe mine appellée *Golde ſel* ou *l'ane d'or*; l'or s'y trouvoit ſur une roche ferrugineuſe de la nature du jaſpe ou de la pierre cornée, entremêlée de parties talqueuſes, de fer, d'ochre, de blende & de pyrite blanche. D'ailleurs ne ſçait-on pas qu'au moyen de certains tours de mains on peut parvenir à unir ſi fortement une quantité aſſez conſidérable de ſaffran de mars avec l'or, que le mêlange peut réſiſter juſqu'à deux fois à la fuſion par l'antimoine? Peut-être qu'au moyen de ce ſecret bien des perſonnes payent ſouvent très-cherement du fer avec l'or qu'elles achetent. Perſonne n'ignore que le fer a la propriété d'exalter la couleur de l'or, quand on le joint avec lui par la cémentation. En un mot, il y a bien de l'apparence que le fer eſt d'une néceſſité indiſpenſable pour la formation de l'or. Cela me rappelle ce que Bécher dit au ſujet de ſon expérience du fer qui eſt ſi connue, qu'il a toujours tiré de l'or, quoiqu'en très-petite quantité, du fer qu'il avoit produit de cette maniere,

Si l'on examine toutes les mines desquelles on tiroit quelquefois de l'or près de Nayla, par le moyen des amalgames, on trouvera que ce ne sont que des mines de fer de différentes espéces dans lesquelles il se trouve quelquefois de l'antimoine. Le fer se trouve aussi souvent avec l'argent, comme Matthésius le dit dans le sixieme Sermon de *Sarepta* : « Quelquefois, dit-il, on trou-» ve de l'argent dans la mine de fer, » ou le fer contient de l'argent, & » j'ai vu de la mine d'argent blan-» che & rouge sur de la mine de » fer. » J'ai déja souvent parlé de la présence du fer dans la mine d'argent rouge; on sçait aussi qu'il se trouve dans d'autres mines, & même en plus grande abondance que les fondeurs ne voudroient. On en trouve sur-tout des traces fréquentes dans la mine d'argent grise, & Melzer rapporte dans sa *Chronique de Schneeberg*, que dans le voisinage de cette ville on avoit une fois traité de la mine de cette espece au fourneau de forge, & que jamais on n'avoit pu en tirer de bon fer: les ouvriers de la forge ne ſçachant que faire s'adreſſerent à un paſſager qui ſe trouvoit-là par hazard, il découvrit que cette mine de fer étoit très riche en argent; ſur cela on la traita pour en tirer ce métal. On ſçait auſſi que le cuivre eſt ſouvent uni avec le fer, c'eſt un fait qui n'exige point de preuves. Il en eſt de même de l'étain qui eſt toujours mêlé avec une très-grande quantité de fer; ces deux métaux s'attachent fortement l'un à l'autre au moyen de l'arſénic qui ſe trouve abondamment avec l'étain, & qui a autant de diſpoſition à s'unir avec le fer, qu'avec l'étain. Je crois même que je ne me tromperois pas abſolument en diſant que le *Schirl* & le *Wolfram* ſont des eſpéces de mines d'étain, mais trop ſurchargées de fer; j'ai pluſieurs raiſons pour être de cet avis, en voici quelques-unes. 1° Ces ſubſtances ont un coup d'œil qui les fait beaucoup reſſembler aux mines d'étain. 2° Quand on les fait fondre avec des fondans convenables on obtient une matiere ſemblable à celle que l'on nomme *heerdling.** 3° Quand on les grille on y trouve une grande quantité d'arſénic qui s'en dégage plus difficilement que des mines d'étain, parceque, comme nous l'avons remarqué, l'arſénic s'unit intimement avec le fer. 4° Ces ſubſtances ne ſe trouvent nulle part en ſi grande quantité que dans les mines d'étain. Je crois même qu'on trouveroit ſon compte à examiner de plus près ces deux minéraux, ſur-tout ſi on tentoit de les traiter avec d'autres ſubſtances minérales; on ne peut nier qu'il ne s'y trouve quelquefois des veſtiges de métaux précieux, mais il paroît qu'il y a beaucoup de découvertes utiles réſervées à nos deſcendans.

Après avoir vu à quel point un métal ou une mine peuvent être matrices d'un autre métal ou mine, il faut à préſent faire un examen particulier de quelques minéraux & foſſiles, afin de voir plus clairement leſquelles de ces ſubſtances ſont plus ou moins propres à faciliter la formation des métaux. Comme juſqu'ici

* On a dit plus haut ce qu'on entendoit par-là.

nous avons ſuivi le même ordre que M. Hoffmann dans ſon Traité *de Matricibus Metallorum*, on nous permettra de le ſuivre encore ici. Il commence par la pyrite. Dans tout ce Traité je me ſuis propoſé de parler principalement des matrices des mines & de la formation des métaux qui s'y opere ; on ne trouvera donc point à redire dans la ſuite ſi j'inſiſte ſur quelques-unes d'entre-elles. La pyrite ſera le premier corps que nous allons conſidérer, & ſur lequel je compte un peu m'arrêter.

La pyrite eſt un minéral compoſé d'arſénic, de ſoufre & de fer. Agricola en compte ſept eſpéces. 1° La pyrite blanche, appellée par quelques-uns *pyrite d'eau*. 2° La pyrite jaune cuivreuſe. 3° La pyrite ſulphureuſe d'un jaune très-vif. 4° Une pyrite dont la couleur reſſemble à celle de la mine de plomb. 5° La pyrite de couleur de fer. 6° La pyrite ardoiſée. D'autres Auteurs en ont encore fait des diviſions plus biſarres en ne conſultant que la figure des pyrites, comme Henckel le rapporte dans ſa *Pyritologie* : il fait voir dans cet Ouvrage que pour parler exactement, on ne peut compter que trois espéces de pyrites; 1° La pyrite blanche; 2°. La pyrite d'un jaune pâle; 3° La pyrite d'un jaune vif. La figure que l'on y remarque n'est que purement accidentelle, elle dépend des principes qui entrent dans leur composition; quelque forme qu'elles nous présentent, elles appartiennent toujours à l'une de ces trois espéces. La pyrite de la premiere espéce contient rarement autre chose que du fer & de l'arsénic avec un vestige d'or plus ou moins sensible, au lieu que les deux autres espéces de pyrites ont aussi du soufre & du cuivre, cependant on y trouve aussi quelquefois de légeres portions d'or. Ce qu'il y a de certain, c'est qu'à l'exception des métaux qui viennent d'être dits, on aura bien de la peine à tirer autre chose des pyrites, comme telles. On sçait que le plomb ne se trouve point uni avec les pyrites, je crois que cela arrive, soit à cause de l'arsénic qui s'y trouve en abondance, soit à cause du fer qui y est contenu. L'étain ſe trouve ſur-tout dans la pyrite de la premiere eſpéce, c'eſt-à-dire, dans la pyrite blanche qui eſt très-arſénicale. Il eſt rare que l'argent minéraliſé ſe trouve mêlé avec la pyrite; Henckel nie abſolument qu'il s'y trouve de l'argent natif. Avant de dire mon ſentiment je vais rapporter ſes propres paroles tirées de ſa *Pyritologie* Chapitre IV. « Comment pourroit-on s'attendre » à trouver de l'argent tout formé » dans la pyrite, puiſque nous ſça- » vons que comme telle, elle n'en » contient qu'une très-petite por- » tion, qui ne va gueres qu'au quart, » ou à la moitié d'une dragme ou » à une dragme entiere, & tout au » plus à deux dragmes, & même » pour lors il faut déja qu'il s'y ſoit » inſinué quelque choſe d'étranger, » & par conſéquent dans le ſein de » de la terre; il ne peut en ſortir » de l'argent. » Il dit plus loin « Mon » zele pour la Minéralogie feroit que » j'aurois de grandes obligations à » quiconque me montreroit un mor- » ceau de mine dans lequel on ver- » roit de l'argent natif en petites

» feuilles ou en filets, immédiatement attaché à de la pyrite, de » maniere que l'argent n'eût pas » pour base quelque mine qui auroit » été décomposée & qui se seroit » insinuée entre deux, ou qui se trou- » vât dessus sans y être attachée, & » par conséquent sans avoir aucune » liaison avec la pyrite, ou bien sans » que sa racine, pût se découvrir » au travers de toute la mine pas- » sant par de petites fentes très-dif- » ficiles à distinguer, pour sortir à » côté ou en-dessous de la masse de » la pyrite. » J'avouerai qu'il me paroît très-difficile de m'éclaircir sur ce fait, ayant d'un côté la décision d'un homme dont l'autorité doit être d'un si grand poids dans la Minéralogie, & de l'autre en voyant les exemples frappans rapportés par M. Hoffmann, & un morceau qui est en ma possession. Il est assez considérable, il vient de la mine de Schweinskopf près de Freyberg, sur de la pyrite d'un jaune pâle fort compacte en cubes assez grands. On y voit de l'argent natif par filets qui sont en assez grande quantité : ces filets, comme il faut bien le remarquer, n'y sont point légerement attachés, mais ils y tiennent très-fortement. On objectera peut-être qu'il pourroit y avoir de la mine répandue très-subtilement dans cette pyrique cubique ; mais 1° ni moi ni des Connoisseurs habiles, nous n'avons rien pû y découvrir à l'aide du microscope. 2° Si l'on prétendoit que des pyrites en cubes aussi compactes ne sont point des pyrites pures, il seroit très-difficile d'en trouver qui eussent cette qualité. Cela nous jette dans une plus grande incertitude & à la fin nous ne sçaurons point si les autres riches mines d'argent, que l'on a jusqu'à présent regardé comme les vraies matrices de l'argent natif le sont réellement, ou s'il n'y a qu'une espéce de mine qui en se mêlant avec d'autres fait paroître l'argent natif. Joignez à cela que l'argent n'a point une si grande antipathie pour la pyrite, comme nous l'avons déja fait voir en plusieurs occasions. La petite quantité d'argent qui s'y trouve ne prouve rien, souvent on voit de l'argent natif sur les mines les plus pauvres, & même sur des pierres qui ne contiennent rien du tout. Je ne puis donc point être du sentiment de Henckel à la vûe des preuves qui le contredisent. Je conviendrai pourtant qu'il y a très-peu de pyrites qui soient propres à nous montrer de l'argent natif, & qu'il y a beaucoup de variétés à cet égard entre elles ; sur quoi je rapporterai une expérience que j'ai faite sur une pyrite. Il y a quelque tems que je traitois une pyrite compacte d'un jaune pâle, semblable à celle qui se trouve à Freyberg ; je la fis dissoudre dans de l'eau-forte, la dissolution s'en fit avec une effervescence assez considérable, elle étoit presque d'un rouge pourpre ; je la décantai doucement, & je la plaçai sur un fourneau allumé ; il s'en évapora au-delà de la moitié ; je la mis ensuite dans une cornue de verre, au bain de sable, à un feu doux ; j'enlevai par la distillation l'eau-forte, de maniere qu'il ne resta dans la cornue qu'une matiere huileuſe d'un rouge foncé ; je la verſai dans une diſſolution d'argent faite de la maniere ordinaire ; alors les deux choſes ſe précipiterent, ſans être pourtant bien pures, le mêlange ou précipité étoit d'un jaune verdâtre. Je le remis de nouveau dans une cornue au bain de ſable, pour en enlever toute l'humidité ; enfin pendant quatre heures je donnai le feu le plus violent. Quand tout fut refroidi, je trouvai dans la cornue une eſpéce de gâteau d'un jaune verdâtre, qui étoit couvert à ſa ſurface ſupérieure par une eſpéce de verre d'un blanc jaunâtre, qui ſe détacha facilement du reſte de la maſſe. La partie inférieure ne ſentoit que l'*hepar ſulphuris*, au lieu que le verre qui étoit au-deſſus, n'avoit aucune odeur, & avoit un goût légérement ſalin. Je portai de ce verre ſur de l'argent mêlé avec du plomb pour être paſſé à la coupelle, dans le moment de l'éclair il parut des fleurs vertes & rougeâtres, comme quand on coupelle de l'argent qui eſt fort chargé de cuivre ; quand l'éclair fut passé, je retirai exactement l'argent que j'avois employé, mais il s'étoit chargé d'or, quoiqu'en très-petite quantité, & autant que j'en pus juger, il pouvoit y en avoir une demi-dragme sur un quintal. J'étois sûr que l'argent que j'avois employé étoit pur, & la pyrite seule n'avoit point donné d'or à l'essai; on demandera donc d'où a pû venir l'or que j'ai obtenu dans cette opération? J'ai depuis voulu réitérer la même expérience avec d'autres pyrites, mais je n'ai jamais pu réussir. Je rapporte ce fait pour faire voir qu'il peut y avoir une très-grande différence entre deux substances qui ont beaucoup de ressemblance, & qu'une chose est possible, quoiqu'elle n'arrive que très-rarement. Si l'on veut rendre raison de cette amélioration de l'argent, il faudra la chercher dans le mêlange qui a été fait du soufre avec ce métal, suivant l'exemple que Bécher rapporte dans sa *Physique souterreine*, page 141. Ainsi la décision de M. Henckel ne peut être regardée comme une régle générale, quoique les faits qui y ſont contraires ſoient extrêmement rares. On voit encore par cette expérience que l'argent & la pyrite n'ont pas tant de répugnance à s'unir enſemble, quoique cela ne ſe ſoit fait dans l'expérience que par une diſſolution groſſiere; la choſe doit être encore plus poſſible, lorſque les parties élémentaires de ces deux ſubſtances ſe trouvent dans un état beaucoup plus ſimple, & peuvent ſe combiner encore plus intimement. En un mot, la pyrite ne refuſe l'entrée à aucun métal, & ce que nous avons dit prouve qu'elle peut ſervir de matrice à tous les métaux.

Les ſubſtances que je vais rapporter ne doivent point proprement être miſes au nombre des matrices métalliques, mais comme elles contiennent ſouvent accidentellement du métal, on ne peut les en exclure tout-à-fait. Je veux parler de la blende, du *ſchirl*, & du *wolfart* ou *wolfram*, de la calamine, du crayon, de la manganèſe, à quoi M. Hoffmann joint la substance qu'il appelle le *sinople*, qu'il dit être d'un rouge brun, qui contient de la pyrite & quelquefois de l'or natif, mais comme elle ne se trouve point dans ce pays-ci, je ne puis en rien dire de positif. Nous connoissons beaucoup mieux la *blende*, cependant il n'y a que M. Pott qui l'ait encore bien examinée dans ses *Observations chymiques*, page 105, & dans sa *Lithogéognosie*, où il en parle en plusieurs endroits. La blende est, suivant M. Pott & M. Henckel, une substance minérale composée de parties arsénicales volatiles, d'un peu de soufre, d'une terre très-infusible, & d'une portion assez considérable de fer. C'est l'arsénic qui est cause que le cuivre devient blanc quand on le traite avec la blende, sur-tout avec celle qui est noire, & que les Allemands nomment *pech-blende*, ou blende semblable à de la poix. Mais si on tient ce cuivre assez long-tems en fusion pour que l'arsénic s'en dégage, cette blende change le cuivre rouge en léton ou cuivre rouge. On voit par-là que la blende contient du zinc, comme le remarque M. Pott à la page 119. Je puis moi-même assurer que quand on tient en fusion, pendant très long-tems & à un feu violent, du cuivre mêlé avec de la blende & avec un autre fondant, le cuivre prend par-là une couleur plus vive que celle du léton, & de plus il devient très-ductile; le fer contenu dans la blende se met à la partie supérieure, & forme une masse feuilletée, ou par écailles, qui ressemble beaucoup à la blende. Outre cela, on est parvenu par des expériences à s'assurer que la blende est une mine de zinc, sur quoi l'on peut voir la *Minéralogie* de Wallérius. M. Marggraf a fait voir dans les Mémoires de l'Académie de Berlin la maniere dont on peut tirer du véritable zinc de la blende. Je suis convaincu que la propriété phosphorique que l'on remarque dans la cadmie des fourneaux, c'est-à-dire, dans la suie ou l'enduit qui s'attache aux parois des fourneaux de quelques fonderies, vient de la blende;

il y en a plusieurs espéces qui sont phosphoriques, la blende rouge de Scharfenberg * en Misnie a sur-tout cette propriété : voyez le *Magasin de Hambourg*, Tome V. page 288. Que dira-t-on après cela du sentiment de M. Homberg qui regarde le zinc comme un mêlange d'étain & de fer ? Y a-t-il dans la blende le moindre vestige d'étain, cependant elle contient beaucoup de zinc ? On observera que la blende, eu égard à sa couleur, se divise en trois espéces ; il y en de noire comme de la poix, on la nomme en Allemand *pech-blende* ; de la rouge & de la jaune ; toutes les trois sont propres à recevoir des métaux, comme l'expérience le prouve tous les jours par les essais que l'on en fait en grand & en petit. Il y a des personnes qui veulent qu'on mette la substance que l'on nomme en Allemand *eisenram* ou *eisenmann* **, au rang des blendes,

* Pour que cette blende devienne lumineuse & phosphorique, on n'a qu'à la frotter avec un couteau.

** Ce que les Minéralogistes Allemands

mais le coup d'œil suffit pour montrer que ce sont des substances toutes différentes ; elles ne s'accordent en rien, sinon que toutes deux sont très-ferrugineuses ; d'ailleurs l'eisenmann ne contient point d'autre métal que du fer, au lieu que souvent la blende contient des métaux plus précieux.

J'ai encore mis le *schirl* *, & le *wolfart* ou *wolfram*, au rang des matrices métalliques, & j'ai déja dit quelles étoient mes idées sur ces substances ; mais je crois devoir re-

nomment *eisenram*, cadre de fer, ou *eisenmann*, homme de fer, est, suivant M. Henckel, une substance ferrugineuse, & même souvent une très-bonne mine de fer qui sert comme d'enveloppe ou de cadre au filon. Voyez *Introduction à la Minéralogie*, Tome I. page 133.

* Le *schirl* est une mine de fer arsénicale très-difficile à fondre, elle est par petits crystaux prismatiques d'un noir luisant, ou tirant sur le bleu. Le *wolfart* ou *wolfram* est une substance ferrugineuse de la même espéce, mais qui n'est point en crystaux comme le *schirl*. Voyez Henckel, *Introduction à la Minéralogie*, Tome I. pag. 130 & 131 de la Traduction Françoise.

marquer ici que le ſchirl ſur-tout montre ordinairement des veſtiges d'or ; c'eſt ce qui a été cauſe que pluſieurs Minéralogiſtes qui ne ſont pas fort exacts ſur les dénominations, lui ont donné le nom de *grenat d'or*, quoiqu'il n'y ait pas grand parti à en tirer. Ces ſubſtances prouvent au reſte qu'elles ſont des matrices métalliques, en ce qu'on trouve ſouvent de la mine d'étain dans leur mêlange & jointe avec elles.

Le crayon a les mêmes titres pour être regardé comme une matrice métallique, puiſqu'il contient ſouvent des mines d'étain très-riches. M. Pott a prouvé qu'il eſt preſque toujours ferrugineux, puiſqu'avec le ſel ammoniac il donne un ſublimé qui a la couleur du ſaffran de Mars, & quand le feu l'a dégagé des parties graſſes qui l'environnent, l'aiman l'attire ; ſans parler d'autres expériences qu'on peut voir dans les *Miſcellanea Berolinenſia*, Tome VI. page 29. Je crois devoir faire remarquer ici qu'il y a de la différence entre le crayon (*plumbago ſcripto-*

ria) & ce que l'on nomme *bleyſch-weif* dans les mines d'Allemagne. Le crayon eſt le minéral léger, gras au toucher, talqueux, que l'on trouve communément avec les mines d'étain, au lieu que le bleyſchweif eſt un minéral qui reſſemble, à la vérité, à la mine de plomb à petits grains, mais qui eſt réellement très-ferrugineux & ſulfureux; ſouvent il s'y trouve de la mine d'une bonne eſpéce, qui y eſt répandue, & qui donne un peu d'argent par les eſſais.

La calamine eſt auſſi une matrice métallique. Cette pierre ou cette terre pierreuſe, (*terra lapidoſa*) comme M. Ludwig la nomme dans ſon Livre *de Terris Muſæi Regii Dreſdenſis*, pag. 197. ne nous eſt point encore bien connue, & elle le ſeroit encore moins, ſi ſon uſage n'étoit indiſpenſablement néceſſaire pour faire le cuivre jaune ou léton; ce minéral ne ſe trouve point par-tout. On vante ſur-tout la calamine d'Aix-la-Chapelle; on en tire pareillement une grande quantité du Duché de Limbourg & du Comté de Stolberg.

Il y en a auſſi en Angleterre ; Villach, Leuthen en Siléſie, Thoren en Bohême près de Commotau, fourniſſent une grande quantité de bonne calamine *. Ces différentes eſpéces de calamines contiennent, les unes de la mine de plomb, les autres du fer, & le Laboratoire de Stockholm a obſervé que quand on fait fondre un quintal de calamine, avec un demi-quintal de ſcories de fer, on obtient 56 livres & demie de fer ; ce qui prouve clairement qu'elle contient du fer. Cela poſé, on doit la regarder comme une matrice métallique, car nous ne parlons point ſeulement ici de matrices dont on peut tirer profit en les traitant, mais encore il s'agit de tous les minéraux qui contiennent du métal.

La *manganèſe* ou *magnéſie*, comme telle, c'eſt-à-dire, lorſqu'elle eſt pure, ne contient point de métal, mais elle ſe charge aſſez ſouvent de

* En France il y en a beaucoup en Berry, près de Bourges & de Saumur. *Voyez le Dictionnaire des Drogues de* Lémery.

mines de plomb, de fer, &c. Je suis en état d'en faire voir un morceau qui contient de la mine d'étain. Un grand nombre de personnes ont cherché dans la manganèse les plus grands arcanes de la Chymie, & même le secret de la transmutation des métaux : quand on lit le *Cœlum Philosophorum* & *vexatio stultorum* d'Orvius, on seroit tenté de croire que la manganèse renferme beaucoup de merveilles ; il fait sur-tout grand bruit de la manganèse du Piémont. J'ai été plusieurs années à en chercher inutilement de cette espéce, & ce que j'en rencontrai, étoit déja pulvérisé & préparé, de maniere que je ne pus y rien connoître. Enfin je fus assez heureux pour obtenir deux morceaux de cette manganèse du Piémont si vantée, par le moyen d'une personne attachée aux mines de ce pays-là. Je fus donc très-charmé de trouver parmi les morceaux de mines que l'on m'avoit envoyés, deux numeros, sur l'un desquels on avoit écrit *Magnesia Pedemontana mas*, & sur l'autre, *femina*. Je ne trouvai

trouvai aucune différence entre cette magnésie & celle qui se vend ordinairement, sinon qu'elle est d'un grain plus fin ; mais les deux espéces différoient entre elles, en ce que celle qu'on avoit appellée *mâle*, étoit composée de stries plus longues que celle qu'on avoit appellée *femelle*. Elles donnerent d'ailleurs les mêmes produits dans les expériences que j'en fis, que la manganèse ordinaire. Au reste, M. Pott a prouvé dans la seconde partie de sa *Lithogéognosie*, que la manganèse pure ne contient point de fer.

Pour dire ce que je pense en général sur les substances qui ont été rapportées jusqu'ici, je crois qu'elles ont été réellement des matrices métalliques dans l'origine & dans les commencemens, c'est pour cela qu'elles se sont chargées de beaucoup de parties d'un métal qui s'y trouve encore, mais par le mêlange d'une trop grande quantité de parties volatiles, arsénicales & sulfureuses, ou par le concours de beaucoup de parties grossieres, ferrugineuses, terreuſes & infuſibles, le métal a été diſſipé & volatiliſé dans les premieres, ou a été trop fortement retenu dans les dernieres, ce qui fait qu'on n'en peut tirer que très-peu de choſe dans le feu par les voies uſitées juſqu'à préſent. Cependant il n'eſt point décidé ſi en prenant des routes nouvelles, on ne parviendroit point à tirer de pluſieurs ſubſtances minérales une nouvelle eſpéce de métal, tel que le nouveau métal d'Amérique nommé *Plata del pinto*, ou *Platine*, que les Anglois nous ont fait connoître les premiers. *

Quoique ces ſubſtances ſoient propres à devenir des matrices métalliques, les demi-métaux ſont encore plus propres à cet uſage. En voici la raiſon. 1° La plûpart des demi-métaux ſont composés des mêmes principes que les vrais métaux, excepté qu'ils ne s'y trouvent point

* On a publié à Paris depuis peu un Ouvrage en François, qui renferme toutes les expériences faites en Angleterre & en Suéde ſur la Platine, ſous le titre de *la Platine ou l'Or blanc*, en 1758.

dans une quantité convenable, & que leur combinaison n'est point si exacte que dans les métaux. 2° Nous voyons qu'ils ont dans le feu les mêmes propriétés que les métaux; ils entrent en fusion, ils se dégagent de la partie non-métallique qui les accompagne, ils donnent un régule, mais ce régule n'a ni la ductilité, ni les autres perfections d'un vrai métal. 3°. Il y en a qui s'allient très-aisément avec les vrais métaux sans nuire à leur ductilité, à moins qu'on n'y en eût fait entrer une trop grande quantité.

L'on doit placer d'abord dans ce rang le cinnabre, qui est la mine de mercure la plus connue. Cette mine marque de la prédilection pour l'or, comme on le voit par un grand nombre de morceaux de cinnabre qui viennent de Hongrie, sur lesquels on trouve de l'or: c'est sur-tout ce qu'on remarque dans le cinnabre natif du Japon. Il est rare de trouver d'autres métaux avec cette mine. Cependant Swedenborg parle d'une mine de fer jointe avec du cinnabre, trouvée à Neudal en Hongrie. L'or contenu dans quelques mines de cinnabre a déja trompé beaucoup de chercheurs d'or, qui ont voulu en tirer la pierre philosophale, parce qu'ils ont trouvé que ces mines donnoient un vestige d'or; cela venoit de ce qu'ils n'avoient pas eu soin de les examiner attentivement avant que d'en faire l'essai.

Il en est de même de l'antimoine; celui de Hongrie, de Nayla, & même celui de Braunsdorf en Saxe, contient beaucoup d'or, sur-tout celui des deux premiers endroits; on n'en trouve communément que de légeres traces dans le dernier. Il est plus ordinaire d'y trouver de l'argent, sur-tout en mine d'argent rouge & en mine soyeuse; ou semblable à de la plume. On ne peut cependant jamais se flatter de tirer tout le métal qui est contenu dans ces sortes de mines, attendu que l'antimoine en enleve & en volatilise toujours une grande partie.

On doit aussi mettre le cobalt *

* Voyez au premier Volume dans l'*Art*

au rang des matrices métalliques. On peut en distinguer deux espéces ; sçavoir, le cobalt qui contient du bismuth, & le cobalt purement arsénical. Quoiqu'on ne puisse point nier que la premiere espéce ne contienne beaucoup d'arsénic, on peut cependant les distinguer aisément, si, suivant les régles que donne M. Pott dans sa premiere collection d'*Observations chymiques*, pag. 137. on la regarde comme un minéral composé d'arsénic, de parties régulines, d'une terre vitrifiable, & de plus ou moins d'argent. On donne à la seconde espéce le nom de cobalt arsénical, parce que l'on y comprend sur-tout le cobalt écailleux & d'autres semblables cobalts qui ne contiennent que de l'arsénic, qui y est très-abondant & joint avec fort peu de terre. C'est sur-tout la premiere espéce qui se présente comme une matrice métallique, au lieu que les autres n'en sont que rarement. Quant à la terre du cobalt de bismuth, qui est la base

des Mines la note que l'on a faite sur le Cobalt, pag. 140 *& suiv.*

de la couleur bleue, Henckel l'a regardée comme une terre martiale dans ses *Opuscules minéralogiques*, page 573. Quelques expériences que j'ai faites, m'ont rendu ce sentiment comme très-probable. J'ai tiré une couleur d'un beau bleu d'un émeril d'Espagne très-ferrugineux : en ayant une fois pulvérisé une demi-livre, & mêlé avec partie égale de flux noir ; je fis fondre ce mêlange dans un creuset bien couvert, à un feu assez violent ; quand la matiere fut bien fondue, pour remplir une idée que j'avois, j'y jettai une substance très-inflammable ; lorsqu'elle eut entiérement cessé de brûler, je vuidai le creuset, & j'obtins une masse du plus beau bleu de saphire, mais qui, comme on peut penser, attira bientôt l'humidité de l'air ; je réitérai encore une fois la même expérience sans remettre du flux noir pour la fusion, & la couleur devint encore plus belle, mais elle fut d'une beauté singuliere en faisant fondre le mêlange avec une terre vitrifiable. Je ne puis attribuer cette couleur qu'aux parties de fer contenues dans l'émeril.

Quant au bismuth, on ne peut le regarder que comme un minéral, ou plutôt un demi-métal particulier, attendu qu'il differe de tous les autres, quoique bien des gens l'aient pris pour un métal altéré ou changé; opinions ridicules que M. Pott rapporte & réfute : à cette occasion il tombe aussi sur les Alchymistes qui cherchent des trésors dans le bismuth, comme fait Orvius dans son *Cœlum Philosophorum*, & Amédée Friedlibus, ou plutôt Auguste Hauptmann, dont j'ai eu le manuscrit entre les mains, que j'ai comparé à l'imprimé, & où j'ai trouvé des différences. Des travaux de ce genre fournissent les moyens de connoître les métaux & minéraux ; ils nous présentent des phénomènes curieux & des découvertes utiles ; quant aux moyens de produire, de transmuer, ou au moins d'ennoblir les métaux, on les trouve bien dans ces sortes de livres, mais on ne les trouve pas dans les expériences que l'on fait d'après eux. Nous ne nous arrêterons pas plus long-tems là-dessus, attendu que nous avons suffisamment prouvé qu'il y a des demi-métaux qui contiennent des métaux parfaits. Je n'ai qu'une chose à ajouter. On m'a souvent demandé comment il arrivoit qu'il se trouvât tant d'antimoine dans les mines d'étain, & comment on pouvoit s'y prendre pour le séparer de l'étain. Cette question n'est fondée que sur les dénominations singulieres que l'on donne quelquefois à de certaines substances. Il y a plusieurs mines d'étain, dans lesquelles on trouve une substance noire, feuilletée, ferrugineuse, fort semblable à la blende, & qui est au milieu de la mine d'étain; les ouvriers des mines donnent le nom d'antimoine à cette substance, mais c'est par abus, attendu que dans les essais on n'y trouve rien que les produits de la blende noire. Il en est de même du *mundick* de Bécher, qui n'est autre chose que la pyrite blanche *.

* Les Auteurs Anglois ne sont point

Parmi les terres qui sont aussi des matrices métalliques, la premiere qui se présente est celle qui se trouve à la surface, c'est l'*humus* ou la terre végétale : l'or qui s'y trouve en Hongrie, & l'argent natif qu'on y rencontre quelquefois, suivant Matthésius & Melzer, &c. semblent prouver qu'on doit la regarder comme une matrice des métaux. Je trouve pourtant des raisons de douter dans toutes les preuves qu'on en apporte, & je crois plutôt qu'en labourant la terre on a pû faire venir à la surface des petits morceaux de mine d'or, qui ont été par la suite de plus en plus mis à nud par la chaleur du soleil, attendu qu'on les découvre sur-tout dans les étés extrêmement chauds. En effet, je crois que la terre végétale ne contient par elle-même que du fer, au moins ne trouve-t-on jamais les autres métaux

fort d'accord sur la substance qu'ils appellent *mundick* ; quelquefois ils désignent par ce nom une pyrite blanche arsénicale, d'autres fois ils donnent ce nom à la la pyrite cuivreuse.

dans la terre même, on n'y rencontre que des débris des mines de métaux, telles ſont les paillettes d'or & les fragmens de mine d'étain qui y ſont quelquefois répandus, & qui ont été tranſportés par les eaux : dans ce cas on ne peut pas regarder la terre comme une matrice métallique. Swedenborg rapporte un exemple ſemblable dans ſes *Opera mineralia de cupro*, pag. 134. où il dit : « *Circa urbes* SARAPUL & » KUNGUR, *non procul à* KAMA, » *in humo & inter glebas terræ, col-* » *lecta ſunt fruſtula venæ, ſeu potiùs* » *lapides venâ cupri impregnati, qui* » *N. B. in ipſiſſima humo ſeparatim* » *jacerent* ». Les autres faits qu'il rapporte, ſont encore plus extraordinaires & plus incroyables, c'eſt pourquoi je ne veux point m'y arrêter.; ſur-tout après avoir déja dit au commencement de ce Traité ce que je penſois ſur les grains de plomb natif, que l'on prétend ſe trouver à Maſſel en Siléſie, ſur quoi j'ai cité les ouvrages de MM. Ludwig & Fiſcher, &c. Cependant comme la terre végétale contient quelquefois des mines métalliques, on peut lui donner place parmi les matrices des métaux, mais on ne peut point la regarder comme occupant le premier rang parmi elles. De même que la terre végétale paroît propre à être une matrice métallique, les autres terres qui se trouvent communément au-dessous d'elle, sont propres à la même chose ; Bécher parle de plusieurs terres qui contiennent de l'or, dans sa *Physique souterreine*, aussi bien qu'au commencement de son *Histoire naturelle des métaux* ; M. Ludwig s'accorde avec lui dans son *Musæum regium de terris*, page 273. A l'égard de l'argent, nous avons déja cité plusieurs fois le témoignage de Swedenborg. Il est encore plus commun d'y trouver du cuivre, & un grand nombre de terres vertes indiquent sa présence. Selon M. Hoffmann, on trouve des débris ou fragmens de mine d'étain dans de la marne à Ehrenfriedersdorf. On sçait qu'il se trouve du plomb dans de l'argille à Johangeorgenſtadt en Miſnie, dans la mine appellée *la couronne de rue*; pour le fer, il ſe rencontre très-communément dans un grand nombre de terres; il faut cependant prendre garde d'être trompé par les mines détruites & décompoſées qui ſont ſouvent dans les terres, & qui leur reſſemblent beaucoup; il me ſemble qu'on ne peut guères les regarder comme des terres, quoiqu'elles ſoient miſes dans ce nombre par M. Hebenſtreit dans ſa Diſſertation *de Terris*, imprimée à Leipſick en 1745. Dans le paragraphe 5. il place parmi les terres les efflореſcences cuivreuſes vertes, qui ſe forment ſur quelques mines & ſur les parois de quelques ſouterreins des mines; il eſt plus naturel de les regarder comme des vitriols, puiſque, de l'aveu de l'Auteur, elles produiſent dans le corps humain les mêmes effets que le vitriol, attendu qu'elles excitent des nauſées & des vomiſſemens *. Pourquoi les terres

* Il paroît qu'une terre qui ſeroit chargée de particules cuivreuſes, devroit pro-

ne feroient-elles point propres à recevoir les exhalaifons métalliques? L'expérience de Henckel avec la craye, l'expérience journaliere, & des rapports, dont on ne peut douter, nous en affûrent. Je ne prétends pourtant point difconvenir qu'il n'y ait des faits de cette nature qui font crus trop légérement, & fans les avoir affez examinés. Mais on ne peut refufer de croire que les terres colorées ne foient très-chargées de parties métalliques, & l'on ne peut nier que celles qui font jaunes, brunes, les ochres, les terres rouges, vertes, &c. ne foient redevables aux métaux de leurs couleurs. Les terres bleues font remarquables par le fer qu'elles contiennent, comme Henckel le fait obferver en plufieurs endroits de fes *Opufcules minéralogiques*. Les terres vertes tiennent leur couleur du cuivre. Il en eft de même des *guhrs* qui fe trouvent fouvent

duire ces mêmes effets, même fans que le cuivre fût dans l'état de vitriol, attendu que c'eft à ce métal feul qu'il faut attribuer ces effets dangereux.

dans les fentes des montagnes; j'ai remarqué que les terres rougeâtres & d'un gris de cendre qui restent après le desséchement de ces *guhrs*, indiquent communément de l'argent, & celles qui sont d'un rouge foncé & grasses, contiennent du fer pour la plûpart; je suis même persuadé que l'hématite ne doit sa formation qu'au desséchement de ces *guhrs* ferrugineux; en effet, dans certaines hématites, sur-tout dans celles qui sont en mammelons & qui ressemblent à des grapes de raisin, on voit très-distinctement par les feuillets dont elles sont composées, qu'elles ont été formées successivement, & que ces feuillets se sont placés les uns sur les autres; telles sont les hématites de Zorge dans le pays de Blankenbourg, de Rothenberg en Saxe, & celles qui se trouvent à Gomorra en Hongrie. On voit par-là de quelle importance il est d'examiner attentivement la couleur des terres, lorsqu'il est question d'établir des travaux pour de nouvelles mines: quand bien même cet examen ne donneroit pas des indications parfaites, il ne laisseroit pas de faire naître des conjectures très-bien fondées sur les métaux, que l'on peut espérer de rencontrer. En effet, il est certain que les couleurs viennent d'un métal ou d'une mine décomposés dans des terres, avec lesquelles ils se sont mêlés par le moyen de l'eau, & que ces terres se sont ensuite séchées & durcies à l'air. Les argilles noires contiennent assez communément de l'argent ; nous en connoissons surtout une espéce qui est très-riche, elle se trouve dans la mine appellée *Dorothea*, dans le Hartz supérieur. On pourroit m'objecter que souvent on ne tire pas le moindre vestige de métal de plusieurs de ces terres colorées ; j'en conviens, mais je dirai là-dessus, que pour produire une couleur dans de la terre, il n'est pas toujours besoin d'une grande quantité de métal ; c'est ainsi que nous voyons qu'une très-petite quantité de pourpre minéral * suffit

* Par *pourpre minéral* l'Auteur entend une dissolution d'or, précipitée par une

pour donner une couleur de rubis à une très-grande masse de verre. Joignez à cela que toutes les espéces de substances fossiles ne peuvent point être traitées ou analysées de la même maniere, sur-tout lorsque ces parties métalliques se trouvent mêlées avec des terres réfractaires ou difficiles à fondre ; or on sçait que les terres jaunes & brunes sont non-seulement difficiles à fondre, mais même propres à volatiliser & à dissiper le métal dans la fusion. J'aurai encore occasion de parler plus loin de cette influence des parties métalliques sur les terres & les pierres, c'est pourquoi je ne m'arrêterai pas davantage sur cet article, & je vais examiner si le sable peut être considéré comme une matrice métallique. On n'en doutera point, pour peu que l'on ait entendu parler des mines transportées & formées de débris & de fragmens. Je ne prétends point dire pour cela que les métaux qui se trouvent ainsi répandus dans

dissolution d'étain, ce qui donne une très-belle couleur d'un rouge pourpre.

du ſable, y aient été formés, puiſque l'expérience nous prouve que ce ſont des morceaux détachés des filons, qui ont été entraînés par différens accidens dans les endroits où on les rencontre. Cependant on n'a point trop de raiſons pour exclure le ſable du nombre des matrices métalliques, attendu qu'il retient & conſerve ces fragmens ou morceaux détachés, & les empêche de ſe décompoſer auſſi promptement qu'ils le feroient ſans cela. Stahl dans ſes réflexions ſur l'*Hiſtoire naturelle des métaux de Bécher*, pages 35 & 123, dit que la Schwartz, la Saal, l'Illme, & pluſieurs autres rivieres de la Thuringe charient un ſable qui contient ſouvent des grains & des paillettes d'or, ſans pourtant que la quantité en ſoit aſſez grande pour dédommager des peines que l'on prend à les chercher; & l'on ne doit pas regarder la *minera arenaria* de Bécher comme un ſimple projet, quoique je ne veuille pas dire que l'utilité en ſoit auſſi grande que cet Auteur voudroit le faire entendre.

On trouve de même des grains noirs épars dans du sable ; qui sont ductiles sous le marteau, ce sont des débris de mine d'argent vitreuse, & par conséquent d'une des plus riches mines d'argent, qui ont été entraînés par la violence des eaux ou par quelque autre force, de la même maniere que les métaux & mines, dont nous avons déja parlé, & dont nous traiterons encore par la suite, qui ont été arrachés des filons. On prétend qu'en Amérique dans la Floride il y a trois ruisseaux, dont le sable contient de l'or, de l'argent & du cuivre. On dit aussi qu'à Liegnitz en Silésie, on trouve du sable qui contient du fer, du cuivre & de l'argent. Je ne parle point d'autres sables qui sont dans le même cas. On sçait assez qu'il se trouve des petits fragmens de mine d'étain dans du sable. Il n'y a que le plomb que l'on n'ait point encore décidemment rencontré dans le sable, à moins qu'on ne voulût alléguer les grains de plomb de Massel, dont j'ai déja fait mention, mais qui sont encore en diſpute ; on prétend que ces grains ſe rencontrent dans une couche de terre ſabloneuſe. Quant au fer, la choſe eſt très-commune. La mine de fer de Heſſe, qu'on appelle *bonertzt* ou mine de féves, eſt, dit-on, un ſable très-ferrugineux : il m'eſt venu de Schandau en Saxe, de la mine de Winterberg, un ſable ferrugineux, tout noir, briſé ; il avoit un coup d'œil de verre, il étoit très-attirable par l'aiman ; on vouloit faire paſſer ce ſable pour des grains d'or, mais il n'y en avoit pas le moindre veſtige ; il étoit très-abondant en fer.

M. Pott dit la même choſe du ſable de Collberg, & rapporte que M. le Profeſſeur Denſo en ayant empli un plat, en avoit retiré une demi-livre de fer, à l'aide de l'aiman : voyez la ſeconde partie de ſa *Lithogéognoſie* ; ſans parler des autres exemples allégués par le même M. Pott.

Comme des terres molles nous avons paſſé au ſable qui eſt plus dur, nous allons examiner les autres pierres plus grandes, & comme nous avons des raiſons pour nous en tenir à leur diviſion hiſtorique, nous commencerons par les pierres précieuſes. On ne peut pas nier que les pierres précieuſes ne doivent principalement leurs couleurs à des parties métalliques, cependant elles paroiſſent très-peu propres à devenir des matrices métalliques, parce que leur grande dureté ne permet point l'entrée aux exhalaiſons métalliques. C'eſt pour cela que j'ai déja fait remarquer plus haut, que lorſqu'on rencontre des métaux ſur la pierre de corne, le jaſpe, & même ſur les pierres précieuſes, ce n'eſt qu'à leur ſurface, à laquelle ces métaux ne ſont même que légérement attachés. J'ai eu entre les mains des grenats *non-mûrs* ou faux grenats des monts Crapacks en Hongrie, qui contenoient de l'or, mais ce métal n'étoit qu'attaché à leur ſuperficie. Je ſçais que ceux qui voient de l'or par-tout, prétendent que ces grenats en ſont très-chargés, c'eſt pourquoi ils ſe mettent à la torture pour trouver des eaux gradatoires, des dissolvans, & d'autres moyens pour empêcher que le fer contenu dans les grenats, n'entraîne & n'enleve l'or; mais dans les grenats, comme tels, il n'y a que du fer, de sorte que sur plusieurs livres de ces grenats on ne trouvera pas même deux grains d'or; j'ai imaginé que ce qui fait croire que ces grenats contiennent une certaine quantité d'or, vient de la pierre talqueuse & luisante qui leur sert de matrice. Il en est de même des grenats de Norwege, sur lesquels on prétend trouver de l'argent natif. Les petites taches jaunes qu'on voit sur le lapis, ne sont aussi rien moins que de l'or, mais ce sont de petits points pyriteux répandus dans cette pierre qui est d'ailleurs très-cuivreuse. C'est pourquoi toutes les eaux gradatoires & les menstrues sont inutiles sur ces pierres, & si elles en tirent quelque chose, ce ne sera que du fer & du cuivre.

Il n'en est pas de même des crystallisations spathiques de différentes couleurs qui, aussi bien que le spath ordinaire, donnent entrée à tous les métaux. Elles ſont, ainſi que les autres pierres ou terres colorées, redevables de leurs couleurs aux particules métalliques; à l'égard de leur propriété phoſphorique, dont Henckel parle dans ſes *Opuſcules minéralogiques*, & M. Pott dans la *Continuation de ſa Lithogéognoſie*, le premier de ces Auteurs l'attribue à l'acide du ſel marin qui y eſt contenu; & le ſecond, à une matiere ſulfureuſe très-ſubtile. Mais perſonne n'a mieux traité cette matiere que M. Marggraf dans les *Mémoires de l'Académie Royale des Sciences de Berlin*, année 1749, page 60 & ſuiv. Toutes les collections de mines prouvent la diſpoſition que ces pierres ont à ſe charger d'une grande quantité de métal; & en Hongrie on en trouve, ſur leſquelles il ſe voit de l'or natif. Il n'eſt point rare de trouver de l'argent, du cuivre, du fer, & même de l'étain dans les pierres de cette eſpéce. Je crois cependant devoir obſerver ici que l'uſage des ſpaths colorés au lieu des vraies pierres précieuſes, eſt dangereux dans la Médecine *. En effet, comme nous ſçavons que ces pierres ont pour baſe une terre gypſeuſe, il eſt aiſé de voir qu'elles ſont nuiſibles, & en général les pierres précieuſes ne peuvent produire d'autres effets que les abſorbans terreux, c'eſt-à-dire, ne peuvent que ſe charger des acides ſurabondans, & nous avons un grand nombre de remédes propres à remplir ces indications, ſans avoir beſoin de recourir aux pierres précieuſes. Joignez à ce qui vient d'être dit que les cryſtalliſations ſpathiques colorées ne ſe rencontrent nulle part en ſi grande abondance, que dans les endroits d'où l'on tire

* Il ſemble que l'uſage des vraies pierres précieuſes elles-mêmes ne peut être que parfaitement inutile dans la Médecine, qu'elles ne peuvent ſe diſſoudre dans aucune des liqueurs qui ſe trouvent dans l'eſtomac, que par conſéquent elles doivent le charger & le fatiguer, ſans pouvoir paſſer dans l'œconomie animale. Il paroît par-là qu'elles ne peuvent point agir comme les abſorbans, n'étant point ſolubles dans les acides.

des mines de cobalt & d'arſénic, & nous ſçavons avec quelle facilité ce minéral dangereux s'attache aux terres, & la difficulté qu'on a de l'en ſéparer. En général, on a obſervé que les remédes tirés des demi-métaux & minéraux, tels que l'antimoine, le ſoufre, le mercure, le vitriol, &c. ſont plus efficaces & plus ſûrs, que ceux que l'on tire à grands frais des métaux parfaits, tels que l'or & l'argent, dont on a tant célébré les teintures. D'un autre côté, Henckel conſeille de n'uſer qu'avec beaucoup de précaution même des terres ſigillées. Voyez ſes *Opuſcules minéralogiques.*

Les autres pierres ordinaires qui ſe trouvent dans les mines, telles que la pierre de corne, le quartz, le ſpath commun, le *kneiſſ*, &c. ſont en poſſeſſion d'être regardées comme des matrices métalliques, & il n'eſt pas beſoin d'en donner de démonſtration. Elles ſe chargent de tous les métaux & demi-métaux; ſeulement avec la différence que certains métaux ſe trouvent dans les unes

unes par préférence aux autres. Cela vient, soit de leur tissu, soit de la nature & des propriétés des métaux & des mines. C'est ainsi que l'or se trouve par préférence dans le quartz, dans le caillou, dans la pierre cornée; & l'argent aussi bien que le cuivre, dans le quartz & dans le spath. L'étain se trouve ordinairement dans le spath, & ne se rencontre que rarement dans une espéce de pierre plus dure. Le plomb a toutes sortes de pierres pour matrices; c'est ainsi qu'on trouve de la mine de plomb spathique avec du verd de montagne; il en est de même du fer. Je ne prétends cependant parler ici que de ce qu'on observe communément, car on ne peut rien conclure des choses qui n'arrivent que rarement; & même il y auroit de la difficulté à décider quelle est la pierre qu'un métal préfere à une autre, attendu que les observations que l'on fait dans un pays, sont souvent contredites par celles qu'on fait dans un autre. La chose même seroit impossible, puisqu'il y a des métaux qui se forment en même tems que leurs matrices, tandis que d'autres s'attachent & s'insinuent dans les pierres déja formées, comme nous allons voir par les remarques que nous allons faire sur la formation des pierres.

Nous avons déja dit au commencement de cet Ouvrage ce que nous entendons par pierres ; mais pour sçavoir comment elles sont formées, il faut faire quelques observations sur les travaux de la nature qui sont très-variés dans ce genre. Toutes les pierres ont été formées par le durcissement des terres molles, c'est ce que nous prouve leur formation actuelle & journaliere. Je ne prétends pas attribuer la formation des masses des rochers uniquement à cette cause, ni la faire passer comme une vérité indubitable ; je pourrois cependant alléguer différentes raisons qui rendent la chose probable : mais il se forme tous les jours des pierres isolées ; cela arrive, soit par le durcissement seul, lorsqu'une certaine quantité de terre abbreuvée d'eau prend du corps & demeure liée, même après que l'humidité en a été dégagée peu-à-peu, & elle se durcit au point que nous le voyons, au moyen d'une chaleur continuelle. Nous en avons des preuves dans les terres feuilletées qui ont souvent la dureté des pierres, dans les différens grais, & sur-tout dans les étites ou pierres d'aigle, dont l'écorce extérieure est très-dure, tandis que la matiere qui est à l'intérieur, est terreuse & peu compacte ; je parle ici de l'espéce qu'on nomme *geodes*, dont la surface n'est pas lisse & unie, comme celle des autres étites, mais qui est composée de terre & d'un grais grossier, & qui est devenue d'une dureté singuliere ; il en est de même de beaucoup d'autres pierres qui ont été formées de la même maniere. Il y a d'autres pierres qui n'ont pas tant acquis leur dureté par le durcissement & la privation de leur humidité, que par l'addition de parties métalliques qui sont venues s'y joindre, & qui contribuent beaucoup à les rendre dures, c'est ce qu'on remarque ſur-tout dans les terres & pierres ferrugineuſes. Parmi les obſervations de ce genre que j'ai eu occaſion de faire, je n'en ai point trouvé qui rendît la choſe plus claire que celle-ci. J'eus un jour envie d'aller chercher des pierres d'aigle près de Berlin, dans la glaiſiere qui eſt auprès de la Porte Royale; elles ſont, pour la plûpart, de celles qu'on nomme *Ætites callimo non mobili*, ou, ſelon Wallerius, *Ætites femina*; j'en trouvai une qui peſoit environ quatre livres : l'envie de ſçavoir ce qu'elle pouvoit contenir me détermina à la caſſer; je trouvai qu'elle étoit garnie d'une enveloppe ferrugineuſe d'un brun foncé, de quelques lignes d'épaiſſeur, qui eſt ordinaire aux pierres d'aigle ; cette enveloppe s'en détachoit aiſément. Sous cette premiere enveloppe il y en avoit une ſeconde de glaiſe jaune, molle & graſſe, au-deſſous de laquelle étoit le noyau ou *callimus* immobile, il reſſembloit à une pierre griſe très-compacte; en le calcinant je lui trouvai les propriétés d'une terre calcaire.

C'eſt, ſuivant toute apparence, ce noyau qui a le premier acquis ſa conſiſtence dure ; la glaiſe qui étoit autour étoit, comme j'ai dit, molle, ce qui me paroît venir de l'écorce ferrugineuſe dure qui l'entouroit ; elle avoit été tellement pénétrée des particules métalliques du fer, que l'humidité en avoit été chaſſée avec violence, au point que la ſurface avoit dû néceſſairement ſe durcir ; ſi ces parties ferrugineuſes avoient pénétré juſqu'à la couche de glaiſe du milieu, tout ſe ſeroit durci, mais de cette maniere la partie intermédiaire étoit reſtée molle, & la ſurface avoit acquis le degré de dureté convenable. Il ne faut pas omettre ici une circonſtance néceſſaire ; c'eſt qu'il paſſoit par la couche de glaiſe, où ces pierres ſe trouvent, un petit filon d'ochre martiale, qui ſe diviſoit en rameaux dans l'endroit où cette grande pierre d'aigle avoit été trouvée ; ce filon l'environnoit de tous côtés, & continuoit ſa route plus avant en terre. Je me flatte que cette obſervation ne ſera point tout-à-fait inutile pour prouver ce que j'ai voulu établir. Les pierres de différentes couleurs, sur-tout celles qui semblent composées de différentes espéces de terres ou de pierres, prouvent la même chose; en effet, elles font voir, ou qu'elles se sont réunies après avoir été pénétrées de parties métalliques dans le tems qu'elles étoient très-molles, ou bien qu'elles n'ont commencé à être colorées par ces différentes parties métalliques, que lorsqu'elles étoient molles, & que ces parties se sont durcies avec elles. L'on peut compter parmi les pierres de cette espéce un grand nombre de marbres de différentes couleurs, & d'albâtres, dont Albert Ritter a trouvé une si grande variété dans le seul Comté de Hohenstein. On doit aussi mettre dans la même classe une infinité d'espéces de pierres de corne, que l'on fait passer pour des agathes & des jaspes. Je ne veux point insister davantage sur ces pierres, attendu que Henckel a traité suffisamment de la formation des pierres dans ses *Opus-*

cules minéralogiques : d'ailleurs j'ai déja dit mon ſentiment en parlant des terres colorées ; chaque pays préſente à un Naturaliſte attentif une variété prodigieuſe de pierres qui, ſans être des tréſors conſidérables, fourniſſent pourtant des preuves convaincantes de vérités qui, ſans cela dans l'Hiſtoire naturelle, ne pourroient être regardées que comme des probabilités.

Les pierres qui ont été ainſi formées, font très-ſouvent la fonction de matrices métalliques. Une des premieres d'entre elles qui ſe préſente, eſt la pierre calcaire, ou la pierre à chaux ; il n'eſt pas de mon ſujet d'en rapporter les différentes eſpéces, il ſuffit qu'elles contiennent du métal, quoique ce ne ſoit pas toujours en grande quantité ; joignez à cela qu'on y trouve auſſi des métaux natifs. Les carrieres de pierres à chaux qui ſont dans notre voiſinage à Riedersdorf, en ſont une preuve ; on y trouve des morceaux aſſez conſidérables de très-bonne mine de fer, comme on peut voir par la relation que M. Mylius en a donnée dans le Journal qui a pour titre, *Amusemens physiques*, part. 6. C'est aussi ce que dit Swedenborg dans son *Opera mineralia de cupro*, pag. 105. « *Vena cupri Schilauensis* » *vel Riddarhyttanensis, frangitur* » *in lapide siliceo & calcario nigri-* » *cante, facilioris liquationis, vena* » *per se admodum inops cupri est,* » *& cum multo ferro visibiliter mixta,* » *& interdum ad dimidiam partem* » *adeo, ut hic mars dimidium to-* » *rum & lectum cum venere sua oc-* » *cupet* ». Et il dit à la page 107, que le quintal de la matte de cuivre qu'on en retire, donne à peine 12 à 13 livres de cuivre de rosette. Il rapporte la même chose de la mine de cuivre de Roraus en Norwege, dont il dit : *Et inhærescit venis ejus lapis quidam albus & calcarius.* Il n'est point rare non plus de trouver de l'or & de l'argent dans la pierre à chaux, l'on y trouve aussi du plomb dont la mine y est répandue en petits points très-déliés ; c'est sur-tout en cela que le marbre se distingue des autres pierres. Le même Swedenborg dans son *Opera mineralia de ferro*, pag. 38, dit que la mine de fer de Roslagen en Suéde, est remplie de particules calcaires : » *Aliquibus in locis, ut Roslagiæ &* » *alibi nullâ calce indigent, quia* » *calcarius lapis ipsi venæ intertextus* » *est, & intimis ejus fibris insidet,* » *& undique rivulorum instar, aut* » *venarum sanguiferarum transit &* » *distinguit* «.

On a tant de preuves que le grais ordinaire est une matrice des métaux & des mines, que nous n'avons point de raisons de nous arrêter à le démontrer. Il est propre à recevoir tous les métaux, sur-tout quand ils y sont portés par l'eau, alors le grais fait la fonction d'un filtre qui donne passage à l'eau, & qui ne retient que les parties métalliques les plus grossieres. Nous avons des exemples de mines sabloneuses & sur-tout de cuivre, dans plusieurs endroits du bas Hartz, de la Moscovie & de la Thuringe. Et quoique je ne parle point ici des matrices des autres ſubſtances minérales, on me permettra cependant de parler d'une eſpéce de pierre que j'ai trouvée, entre autres ſingularités, entre Riedersdorf & Schoneich, à quelques lieues de Berlin. Cette pierre eſt un mêlange compoſé de ſable groſſier, de ſpath d'un rouge vif, de blende, de talc, ſur lequel ſe trouve un vrai crayon (*plumbago*). Voyez les *Amuſemens phyſiques* à l'endroit qui vient d'être cité. Cela ne donneroit-il pas lieu de conjecturer que le crayon eſt un talc qui a été pénétré par quelque ſubſtance minérale ?

Les ardoiſes, ou pierres feuilletées, doivent auſſi trouver leur place ici ; ſouvent elles ſervent de matrices aux métaux, & l'on y rencontre de l'or & de l'argent ; telle eſt l'ardoiſe de Frankenberg dans la Heſſe, dans laquelle on trouve, comme on ſçait, des métaux tout formés ſous la forme d'épics de bled. Il eſt encore plus commun d'y trouver du cuivre, comme on le voit dans les ardoiſes de Pappenheim, de

Mannsfeld, d'Illmenau, &c. car il ne s'agit pas ici des ardoiſes pénétrées par le charbon de terre. Il eſt aiſé de voir pourquoi le cuivre ſe trouve ſur-tout en grande abondance dans l'ardoiſe ; ce métal contient une grande quantité d'acide vitriolique, qui eſt plus en état que tout autre d'agir ſur les particules terreuſes, c'eſt pour cela qu'il pénetre intimement cette eſpéce de pierre, de maniere que ſes parties métalliques ſont dans un état de diviſion ſi grand que l'œil ne peut point diſtinguer la moindre choſe dans la plûpart de ces ardoiſes. Mais il reſte encore à examiner ſi cette combinaiſon, ou ſi ce mêlange s'eſt fait lorſque l'ardoiſe n'étoit encore qu'un limon mou, ou ſi elle ſe fait encore journellement, après qu'elle a eu pris de la conſiſtence & de la dureté, comme je ſerois tenté de le croire.

On doit auſſi placer ici les pierres de corne, ou eſpéces de jaſpes, à la ſurface deſquels on trouve des métaux natifs ou des mines riches ; j'en connois un échantillon qui eſt une pierre d'un bleu foncé, ſur laquelle on voit une lame épaiſſe d'argent natif, elle vient de Wolkenſtein ; ainſi que le morceau précédent elle ſe trouve dans la collection de M. Eller. Il faut cependant ſe défier de ces pierres lorſqu'elles ont été polies, parce qu'alors il peut s'être détaché quelque choſe de la roue qui fait paroître comme des veines d'argent ſur la pierre ; cela arriva un jour à un de mes amis, & quand nous examinâmes la choſe de plus près, nous trouvâmes que cela venoit de la roue garnie de plomb. A l'exception de ce qui vient d'être dit, il ne ſe trouve que très-peu de mines dans la pierre de corne.

Le *lapis nephriticus* & l'aſbeſte ne contiennent guères que des grenats ferrugineux, que l'on doit plutôt regarder comme des grains de *ſchirl*; & j'ai remarqué qu'ils ne ſe trouvent point tant dans l'aſbeſte que dans la pierre de ſerpentine qui y eſt jointe.

Parmi les pierres tendres les incruſtations ſont rarement chargées de parties métalliques ; cependant comme il arrive quelquefois que l'on rencontre des métaux avec elles, il eſt bon que nous nous y arrêtions un peu. Les incruſtations ſont formées par un amas de terre calcaire qui s'eſt durcie, après avoir été auparavant dans l'eau, dont elle s'eſt dégagée peu-à-peu. On voit par cette définition qu'on a eu tort de donner le nom de *pierre ollaire* à cette pierre, puiſque le vrai *lapis ollaris* eſt toute autre choſe, & doit être placé parmi les pierres *apyres* *, comme fait Wallerius, quoique M. Pott prétende que le *lapis ollaris* de Zablitz, ou la ſerpentine, ne peut pas être regardé comme pierre apyre, attendu qu'elle entre en fuſion au feu, ſans addition. Voyez la continuation de la *Lithogéognoſie*. La forme des incruſtations varie & eſt analogue au corps ſolide, auquel elles ſont atta-

* Les Naturaliſtes nomment *Pierres apyres*, celles qui ne ſe vitrifient point & ne ſe calcinent point dans le feu ordinaire, qui ne produit que très-peu ou point du tout d'altération ſur elles.

chées. Quand elles ne ſont formées que d'une ſimple terre calcaire, la couleur en eſt blanche ; mais lorſqu'il eſt venu s'y joindre des parties métalliques, leur couleur change ; c'eſt ainſi qu'une incruſtation verte indique du cuivre, au lieu que lorſqu'elle eſt brune elle annonce du fer. Quoiqu'il ſoit rare que ces concrétions contiennent du métal, nous avons pourtant aſſez de preuves qu'elles ſont propres à en recevoir ; je ne me rappelle point d'en avoir vû qui contînt l'or, mais pour l'argent, je ſuis en état de montrer une incruſtation brune d'Hongrie qui en contient plus d'un demi-marc au quintal. Il eſt plus ordinaire d'en trouver avec du cuivre, & je crois être fondé à placer ici la mine verte qui fut trouvée, il y a quelques années, à Zellerfeld dans la mine de Gluckſrade, & qui étoit très-riche en cuivre ; elle reſſemble à la mine de cuivre que les Allemands nomment *Atlas* ou mine ſatinée. Et l'on voit clairement qu'elle ſert d'enveloppe à du ſpath qui en eſt recouvert ;

ſur lequel les eaux vitrioliques ſe ſont attachées, & ont dépoſé une matiere qui y a pris de la conſiſtence. La couleur d'un brun rouge qu'ont les incruſtations des Eaux Thermales de Carſlbade, indique ſuffiſamment le fer qui s'y trouve, auſſi bien que dans la pierre appellée *bandſtein*, ou pierre ſemblable à un ruban, que l'on trouve au même endroit. Voyez Chriſtian Lange *de Thermis Carolinis*, cap. 3. §. 30. Mais comme l'écume blanche que l'on voit ſe former tous les jours à la ſurface de ces eaux thermales, doit être regardée comme une terre gypſeuſe, je crois pouvoir encore mettre au rang des incruſtations martiales les mines de fer qui ſe reproduiſent d'elles-mêmes dans les endroits, d'où on les avoit tirées quelques années auparavant ; Swedenborg en cite un exemple dans ſon *Opera mineralia*, page 294, & Agricola dit qu'à Sagan en Siléſie on fait des foſſes de deux pieds de profondeur pour en tirer la mine de fer, & qu'au bout de dix ans ces mêmes fosses se trouvent de nouveau remplies de la même mine. Il rapporte la même chose des mines de fer qui sont auprès d'Amberg, & il dit qu'on y est dans l'usage de mêler ensemble la mine pêle-mêle avec la roche qui l'accompagne, & qu'au bout de quinze ans on en tire un fer très-doux. La même chose se pratique à Malmitz en Silésie, & en d'autres contrées, sur lesquelles on peut consulter Swedenborg à l'endroit qui vient d'être cité. Peut-être que la mine de fer des marais n'est formée, pour la plus grande partie, que d'incrustations martiales de cette espéce ; ou bien c'est une terre ferrugineuse qui a été précipitée dans l'eau, & qui s'est durcie peu-à-peu; on ne doit pas la regarder comme une substance formée dans l'eau, mais il est plus naturel de croire qu'elle a été apportée d'ailleurs, & chariée ou entraînée par quelque accident; c'est aussi pour cette raison qu'elle est quelquefois purement métallique & sans mêlange de terre calcaire, comme M. Seip le remarque dans ſon *Traité des Eaux de Pyrmont*, pag. 74 de l'édit. de 1719. Elle eſt produite, ſuivant les apparences, par des pyrites qui ont été décompoſées par l'eau; c'eſt pour cela que cette terre eſt purement ferrugineuſe. Nous en avons encore une preuve qui confirme cette conjecture, dans la mine de fer de Zednick qui eſt dans le voiſinage de Berlin. J'ignore ſi juſqu'à préſent il s'eſt trouvé de l'étain dans ſes incruſtations, & Henckel ne rapporte qu'un exemple unique de mine de plomb dans ſa *Pyritologie*, chap. 5.

Les différens talcs, comme le *glacies Mariæ*, l'or de chat, l'argent de chat, le *glimmer* ou mica, ne ſont que très-rarement des matrices de métaux, & quoiqu'on y trouve quelquefois des veſtiges métalliques, c'eſt en ſi petite quantité, qu'elle ne peut dédommager de la peine qu'il y a à l'en ſéparer. Quant à ce que M. Hoffman rapporte de la mine de plomb verte de Zſchopau, qu'il dit ſe trouver dans une roche ſéléniteuſe, toutes les expériences que j'ai eu occasion de faire sur cette pierre, me prouvent que c'est un spath composé de feuillets déliés. Le talc ne contient ordinairement que de la mine de fer, les grands grenats de Norwege se trouvent dans du talc, comme Bruckmann le rapporte dans quelques-uns de ses Ecrits. M. Eller possede dans son cabinet une pierre talqueuse de cette nature; c'est une mine de fer d'un brun rouge, de la province de Cornouailles en Angleterre, qui est traversée de talc qui a pris la forme d'une rose; les feuillets du talc qui sont de couleur d'argent, partent d'un centre commun, ce qui fait qu'ils représentent la figure d'une rose. Je crois pouvoir encore placer ici un talc d'un verd très-vif du même cabinet, sur lequel il se trouve du cuivre natif, de la mine de cuivre vitreuse rouge & de la mine d'argent rouge, qui vient de la montagne de Predannah en Cornouailles. Swedenborg dit dans ses *Opera mineralia de cupro*, pag. 149, qu'à Herregraund en Hongrie on trouve de la mine de cuivre dans un talc noir qui eſt joint avec du quartz. Le même Auteur dans ſon Traité *de Ferro*, pag. 2. dit : « *Differunt etiam venæ ferreæ Sueciæ, ratione matricum; reperiuntur ut plurimùm in lapide qui corneus vocatur, in genere quodam talci, in calcario, in ſpatho, in quartzo, in alius generis lapidibus multis* ». Et plus loin il ajoute: « *At ſi ſpathum ſit, durumque genus corneum & talcum, difficiliùs in fluorem redigitur* ». Il eſt plus commun de trouver des mines d'étain que de tout autre métal dans le talc & dans le mica. Il ne ſera pas hors de propos de parler ici du *talc d'or* ſi vanté. On ſçait que beaucoup d'Adeptes ont prétendu trouver juſqu'à des marcs d'or dans le talc, & ſur-tout dans celui de Veniſe & d'Hongrie, mais nous avons prouvé en toute occaſion que l'or ne ſe trouvoit jamais dans l'état de mine, & qu'il étoit toujours natif ou vierge ſur la roche, quoique ſouvent en particules ſi déliées que l'œil ne peut point les diſtinguer; comme ce fait peut être prouvé par toutes les expériences, il suit que pour dégager ce métal de ce qui l'enveloppe & l'environne, il ne faut qu'en séparer la terre ou la pierre qui lui est jointe. Mais il est ridicule de croire qu'il s'y trouve un *or en embryon*, & l'on ne peut regarder comme une vérité incontestable la prétention de certains Philosophes *Microcosmiques* qui croient que le talc jaune, ou mica, qui conserve sa couleur lorsqu'après avoir été rougi au feu on en fait l'extinction dans de l'urine, devoit nécessairement contenir de l'or; cela est contredit par l'expérience. Je conviendrai volontiers qu'une substance aussi difficile à fondre que le talc, quand il a été éteint dans l'urine peut devenir plus fusible, parce que ses pores ont été plus dilatés par l'action du feu, mais cela n'y mettra point du métal s'il n'y en a pas eu auparavant. En effet, il répugne à la raison de s'imaginer que le feu rendra fixes des *soufres aurifiques* que la nature n'a pû fixer. Quelqu'un sera-t-il en état de combiner par art les parties élémentaires des métaux qui ſont ſi ſubtiles, & que nous connoiſſons à peine, au point qu'il en réſulte un métal parfait, tel que l'or ou l'argent ? Qu'eſt-ce qui donne à ces Artiſtes la certitude qu'il ſe trouve déja dans un corps de cette eſpéce toutes les parties néceſſaires à la compoſition d'un métal ? Quelqu'un a-t-il ſuffiſamment connu le degré de chaud & de froid, de mouvement & de repos qui convient à cette opération ? Je ne dis cela qu'à cauſe du grand nombre de Livres alchymiques qui ſont remplis de procédés de macérations pour ouvrir & développer les mines, d'eaux de gradations, de poudres cémentatoires, d'extinctions, &c. que l'on preſcrit d'employer ſur les pierres dont nous parlons, quoiqu'il n'en réſulte rien du tout, ou du moins très-peu de choſe *.

* M. de Juſti dans un Recueil d'Obſervations qui a paru en Allemand ſous le titre de *Nouvelles vérités*, prétend avoir découvert un métal nouveau & inconnu juſqu'ici, dans une eſpéce de mica ou d'or

On pourroit encore mettre la *blende* au rang de ces pierres métalliques, puisque souvent on y trouve une portion d'argent assez considérable, indépendamment du fer qui y est joint ; mais comme M. Pott en a donné un Traité à la page 107 de ses *Observationum chymicarum Collectiones*, j'y renvoie le Lecteur. Je me contenterai de dire que la blende contient quelquefois de l'or & de l'argent, rarement du cuivre, on y trouve plus communément du plomb & une grande quantité de fer.

Quant aux autres pierres qui sont composées de différentes espéces de pierres qui se sont mêlées, il est très-rare qu'elles contiennent quelque chose de métallique, & M. Hoffmann n'en cite qu'un exemple dans son Ouvrage, §. 60, où il dit :

de chat, trouvé à Annaberg en basse Autriche ; l'eau-forte n'agissoit point sur cette substance, mais l'eau régale la dissolvoit jusqu'à un certain point. Ce phénomène engagea M. de Justi à faire d'autres expériences qu'il rapporte dans l'Ouvrage qu'on vient de citer, page 13. Tome I.

« La riche mine du Duc Auguste à » Freyberg, fournit de la mine de » plomb, de la mine d'argent rouge » & blanche, & des pyrites qui se » trouvent dans une matrice formée » par le mêlange de plusieurs espé- » ces de pierres ; en effet, les *sal-* » *bandes*, ou lisieres du filon, sont » à l'ordinaire de *kneiss* verdâtre, » dans lequel est répandu un spath » couleur de chair, sur lequel il se » trouve des fluors ou crystallisa- » tions quartzeuses ». Mais ce cas est rare, & on doit le regarder comme sortant de la régle ordinaire ; il faut cependant remarquer sur ces sortes de pierres, que celles qui ont une même terre pour base, sont celles qui s'unissent le plus communément, telles sont, par exemple, la pierre de corne, le quartz & le caillou, l'ardoise, le talc & le spath, &c.

Mais que dirons-nous des pétrifications, telles que les coquilles & les bois pétrifiés qui contiennent très-souvent du métal ? Il est très-rare que les premieres contiennent autre chose que de la pyrite ; j'ai pourtant vû une pierre calcaire avec des coquilles pétrifiées, dans laquelle on remarque, outre la pyrite, une mine de cuivre verte sur une des coquilles, elle vient de Gera en Voigtland. On peut aussi placer ici la mine de fer de Huttenrode dans le Duché de Blankenbourg, qui est accompagnée de turbinites. La couleur est d'un brun foncé, elle contient beaucoup de fer, on s'en sert comme de fondant dans le Rubelande & au Hartz. Henckel dans sa *Pyritologie*, chap. 5. parle de coquilles jointes avec de la mine de plomb. L'on doit encore mettre dans la même classe les coquilles de Freyenwald dans la Marche de Brandebourg, qui fournissent une mine de fer très-abondante; ces coquilles sont de celles qu'on nomme *Chamæ leves*, non-seulement elles sont entiérement pénétrées de mine de fer, mais elles sont totalement changées en mine de fer, en conservant cependant leur forme; leur couleur est d'un brun obscur, j'en possede une qui pese dix onces. Swedenborg dans son

Traité

Traité *de Ferro*, pag. 293. parle d'ossemens humains changés en mine de fer, « *Ossa humana ferrea facta* » *Londini etiam conspici possunt* ». On peut aussi se rappeller ce que j'ai déja dit plus haut des bois pétrifiés d'Orbissau en Bohême, qui ont été changés en une riche mine de fer. On doit encore placer ici l'ostéocolle bleue de Massel qui est si connue, dont la moëlle contient cinq onces & demie d'argent, si l'on en croit Hermann ; on ne peut former d'autres conjectures là-dessus, sinon que les exhalaisons métalliques ont pénétré dans le tissu spongieux des arbres, & sur-tout dans leur moëlle. On sçait que l'ostéocolle n'est qu'une racine pétrifiée de peuplier, comme M. Neumann l'a prétendu dans sa Chymie pharmaceutique, ou de bouleau, selon M. Gleditsch dans un Mémoire inséré dans le Tome VI. des *Miscellanea Berolinensia* ; ou de sureau, suivant la Dissertation de M. Helck, qui est dans le *Magasin de Hambourg*. M. Pott a prouvé dans la seconde partie de sa *Lithogéognosie* que la même chose arrivoit aux racines du sapin, du tremble & du chêne.

Parmi les pierres figurées il n'y en a point de plus connue que la pierre d'aigle ; j'en ai déja dit quelque chose, je pense donc qu'il est inutile d'y revenir ; ces pierres ne contiennent ordinairement que du fer. J'ajouterai seulement qu'on en trouve une grande quantité dans le voisinage de Berlin, on y en a trouvé une entre autres, qui entre son noyau & son envoloppe avoit un *Echinus mamillaris*, oursin en mammelons pétrifiés.

Je doute fort qu'il y ait du métal dans les bitumes terrestres, tels que le succin, le pétréole, l'asphalte, &c. Et quoique Lémery dise avoir tiré beaucoup de fer du succin à l'aide de l'aiman, je crois que ces particules ferrugineuses pouvoient plutôt venir de la terre argilleuse qui environnoit le succin, que du succin lui-même. Malgré cela, il n'en est pas moins ordinaire de rencontrer le fer & le succin ensemble, & nous en avons un exemple dans notre voisinage à Zedenick, où l'on trouve fréquemment de la mine de fer avec du succin. On sçait que le charbon de terre contient souvent des métaux, nous en avons un exemple remarquable dans le charbon de terre de Hesse, dans lequel on trouve des morceaux considérables d'argent natif. M. Eller en possede un morceau très-curieux. Il est encore plus commun d'y trouver du cuivre ; tel est le charbon de terre de Hartha près de Chemnitz ; il est pénétré d'une mine de cuivre verte, & suivant le rapport de quelques personnes, il donne 36 livres de cuivre affiné, & 5 onces & demie d'argent au quintal. J'ai eu occasion de voir du bois qui, quoique pétrifié, avoit par ses deux extrémités la forme de bois, tandis que l'intérieur ressembloit à un vrai charbon de bois trouvé en terre, & étoit mêlé d'une belle mine de cuivre azure ; ce morceau venoit de la mine de charbon de terre de Pesterwitz près de Dresde. En effet, nous voyons que cela doit arriver, puisque nous ſçavons qu'il ſe trouve une grande quantité de pyrites parmi les charbons de terre, qui en ſe décompoſant s'échauffent au point de mettre le feu à la mine. On ne connoît point encore de mine de plomb dans du charbon de terre; il eſt vrai que j'en ai vû dans une mine de charbon des environs de Dreſde, mais elle n'étoit point dans le charbon même, mais dans une argille bleue qui traverſoit la couche de charbon. Swedenborg dans ſes *Opera mineral. de Ferro*, pag. 154, dit: « *Commixta* » *etiam invenitur ferri vena cum la-* » *pidibus varii generis, & pariter ac* » *cupri vena inter lamellas lapidis* » *ſciſſilis, ut & in carbone foſſili,* » *præſertim in Staffordshire, nomen* » *etiam habet ex coloribus* ». Cependant il eſt rare de trouver du fer dans les charbons de terre. J'ignore s'il s'y trouve d'autres métaux.

Le ſoufre en eſt encore plus dépourvû, & on n'en a jamais trouvé de natif qui fût métallique. Les pyrites ſulfureuſes contiennent un peu d'argent, mais elles contiennent plus de cuivre & de fer. Les ſubſtances minérales & les demi-métaux combinés avec le ſoufre, tels que l'antimoine & le cinnabre, ne contiennent guères que de l'or. Celles qui ſont combinées avec l'arſénic & le ſoufre, tels que ſont quelques cobalts, ſont auſſi dépourvûes de métaux, d'où il paroît qu'on ne peut mettre ces ſubſtances au rang des matrices métalliques, non plus que les ſels, à l'exception du vitriol ſeul qui s'eſt chargé d'une terre métallique, & qui donne du cuivre.

Pour ce qui eſt des eaux, nous avons déja dit qu'elles ne peuvent être des matrices métalliques, & que tous les métaux & mines qui s'y trouvent, y ont été portés accidentellement, ou bien ont été détachés & entraînés par elles du ſein de la terre, nonobſtant ce que dit Swedenborg, *de Ferro*, page 105, de la mine de fer des marais, que les Suédois appellent *Mirmalm*; en effet, l'eau étant un fluide, n'eſt pas en état de porter & de ſoutenir les parties métalliques peſantes, comme feroit une matrice, ni de les mûrir & conſerver, ce qui, comme nous allons voir, fait la principale propriété des matrices métalliques.

SECTION VI.

De l'utilité des Matrices Métalliques.

NOUS avons jusqu'ici suffisamment parlé des matrices des métaux, eu égard aux bornes que nous mettons à cet Ouvrage, quoique nous soyons obligés de convenir qu'on en auroit pû dire encore beaucoup plus de choses. Nous allons donc traiter en peu de mots de l'utilité des matrices métalliques en suivant le même ordre que M. Hoffmann a fait dans sa Dissertation depuis le §. 30 jusqu'au 33. Cette utilité se fait sentir, 1° dans la formation des métaux, 2° dans la propriété que ces matrices ont de les recevoir & de les conserver ; 3° en ce qu'elles contribuent à leur donner de la dureté & de la solidité ; 4° par les avantages qu'elles procurent dans le traitement de ces métaux.

A l'égard de la formation des métaux, nous renverrons là-dessus au commencement de cet Ouvrage, où nous avons dit qu'elle s'opéroit tantôt par l'adhésion de particules métalliques très déliées, au moyen des exhalaisons souterreines qui en sont chargées ; tantôt par l'alluvion qui se fait de ces particules qui sont chariées par le fluide grossier de l'eau ; tantôt par la combinaison qui se fait entre les parties élémentaires des métaux & les parties subtiles, & non encore liées des matrices métalliques. On voit par là que la nature & l'utilité des matrices métalliques doivent varier en raison de ces différentes circonstances. Les unes ne sont que l'instrument sur lequel les vapeurs chargées de parties métalliques vont se porter, & où elles déposent leur métal, telles sont surtout toutes les pierres compactes, comme la pierre de corne, le quartz, &c ; de-là vient aussi que rarement elles contiennent intérieurement du métal qui pour l'ordinaire ne s'attache qu'à la surface, ou aux fentes

& gerſures qui s'y rencontrent. D'autres pierres moins dures donnent aux vapeurs & aux eaux un paſſage lent, à cauſe de leur tiſſu poreux, tel eſt le ſpath, la blende, l'ardoiſe, la pierre à chaux, le grais. C'eſt auſſi par-là que les parties déliées ſont portées dans ces pierres. Il y a une autre eſpéce de matrice qui ſemble fournir quelque choſe dans la formation des métaux, l'on peut conclure que celles-là ont été formées en même tems que le métal ; telles ſont en particulier les mines des demi-métaux, dans leſquelles on trouve de vrais métaux; la mine d'antimoine, dans laquelle il ſe trouve de l'or ou de la mine d'argent ; les mines de biſmuth avec de l'argent ; le cinnabre avec de l'or ; &, à certains égards, la calamine qui contient quelque choſe de métallique qui eſt intimement combinée avec ſa ſubſtance & ſes parties les plus déliées. Mais comme les parties élémentaires des métaux ſont ſi ſubtiles, qu'elles ne tombent point encore ſous nos ſens, même lorſqu'elles ſe ſont déja combinées ensemble pour constituer un métal, & puisqu'il faut pour cela qu'elles aient pris la forme d'une mine par l'amas d'un grand nombre de ces particules, qui en fasse un corps visible; on peut s'imaginer combien il faut de tems pour faire une mine d'une matrice métallique: cependant il est impossible de le déterminer, parce que les exhalaisons sont plus abondantes dans un endroit que dans l'autre. Mais il ne faut pas croire qu'un métal complet soit toujours porté par les exhalaisons dans une matrice propre à le recevoir; l'expérience nous montre que souvent il n'y a que les parties propres à constituer le métal, qui y sont portées, & que ce n'est que par le mouvement où elles sont dans les interstices vuides de la pierre, par une combinaison convenable des unes avec les autres, & par une espéce de maturation, que ces parties deviennent le métal que nous en tirons par la fusion. Il me paroît vraisemblable que c'est là-dedans qu'est renfermé le mystère de la formation des demi-métaux ; en effet, nous voyons que les principes ou parties élémentaires, ſont à-peu-près les mêmes dans les métaux & les demi-métaux, excepté que la nature les a combinés plus intimement & dans des proportions différentes, dans les premiers que dans les derniers. On peut ſe former une idée de la maniere dont ces exhalaiſons métalliques s'entrechoquent les unes les autres, & s'attachent à leurs matrices, en ſe repréſentant la maniere dont l'arſénic & le ſoufre s'accrochent & ſe combinent, pour faire une maſſe dans les cheminées des fourneaux de grillage, & dans les longs tuyaux des fourneaux où on grille le cobalt, où l'on tire le ſoufre, &c. Toutes ces ſubſtances s'élevent ſous la forme d'une vapeur ſubtile; mais comme elles ne rencontrent point ſur le champ l'air libre, elles prennent peu-à-peu plus de corps, c'eſt-à-dire, que pluſieurs de ces particules s'amaſſent pour en former de plus grandes qui pour lors ſont en état de tomber ſous nos ſens. Mais qu'eſt-il beſoin d'avoir recours à des démonſtrations empruntées des Arts que tout le monde n'eſt pas à portée de voir, il ſuffit de conſidérer la fumée qui s'attache ſous la forme d'une ſuie dans nos cheminées. Une cheminée qui s'éleve en ligne droite, ne ſe remplira pas ſi promptement ni ſi abondamment de ſuie, que celle qui fait des coudes ou qui va obliquement, ou que les tuyaux de tôles d'un poêle qui font des coudes, dans leſquels la fumée eſt répercutée, & qui à chaque répercuſſion perd quelques-unes de ſes parties. L'on peut donner ici pour exemple la cadmie ou l'enduit qui s'attache aux parois des fourneaux. Je me flatte que cela ſuffira pour faire ſentir comment les matrices métalliques contribuent à la formation du métal.

J'ai dit que la ſeconde utilité que produiſoient les matrices métalliques, conſiſtoit en ce qu'elles les reçoivent & les conſervent. Dans le régne animal il ne ſuffit point que la matrice contribue à la production & à l'élaboration des animaux, il faut encore qu'elle ſoit propre à les retenir au-dedans d'elle-même pendant quelque tems. Nous avons déja dit que toutes les matrices par leur ſtructure ne ſont pas propres à recevoir de la même maniere les métaux ; il y en a, comme on l'a remarqué, qui ſont ſi dures, qu'elles ne peuvent admettre les métaux dans leurs parties internes, ce qui fait qu'ils ne s'attachent qu'à leurs ſurfaces extérieures ; de cette eſpéce ſont non-ſeulement les pierres de corne, mais encore les mines elles-mêmes ; de-là vient qu'une riche mine de cuivre ne ſera guère en état de recevoir de la mine de plomb ou de l'argent natif qu'à ſa ſurface ; parce que la matrice métallique & ſes pores ſont déja entiérement remplis par le cuivre. En effet, tout a des bornes ; & quand cela arrive, on trouvera que le métal qui eſt venu le dernier, ſe montre ſous une forme native, ou du moins ſous celle d'une mine très-riche.

Autant il y a de difficulté pour les matrices dures ou déja remplies de métal, autant il se trouve de facilité pour les substances plus tendres, telles que le spath, l'ardoise, le grais, &c. En effet, les spaths par leur tissu feuilleté donnent très-aisément passage aux exhalaisons métalliques, de-là vient que l'on trouve souvent un spath qui contient une quantité de métal beaucoup plus grande que celle qu'on y soupçonnoit. Le grais se charge de métal par une espéce de filtration, en s'imbibant des sucs chargés de métal, & quand la partie aqueuse s'en est dégagée, les parties métalliques, comme plus pesantes, restent dans la pierre. Je crois qu'il n'est pas besoin de preuves pour s'assurer que l'eau pénetre le grais, l'expérience journaliere suffit pour nous convaincre de cette vérité; cependant pour ne point entiérement passer sous silence cette matiere, je vais donner ici mes idées sur la pierre à filtrer. Ce n'est réellement qu'une espéce de pierre sabloneuse ou de grais, ou bien quelquefois c'est une pierre à chaux qui a long-tems été pénétrée par l'eau qui peu-à-peu a emporté la terre ſubtile qui ſe trouvoit dans ſes pores ; c'eſt ce que j'ai eu moi-même occaſion d'obſerver à Riedersdorf ; j'y ai vû que la pierre à filtrer n'eſt point pour l'ordinaire à une grande profondeur, mais elle eſt communément placée dans des endroits où les eaux du ciel peuvent continuellement la pénétrer, & l'on trouvera toujours à ſa ſurface une terre blanche très-fine, de la nature de celle qu'on appelle *morochtus*. On remarque encore que par un long uſage ces pierres ſe bouchent, cela arrive parce que l'eau qu'on y fait paſſer, porte de nouvelle terre dans ſes pores. Cela nous montre la raiſon pourquoi il n'y a que très-peu de terres qui ſoient propres à recevoir des métaux ; c'eſt parce qu'elles ſont trop aiſément pénétrées par l'humidité, par-là la formation des métaux eſt troublée à tout inſtant, & la matrice dans laquelle cette formation devoit s'opérer, eſt entiérement altérée ; ainſi ſa propriété la plus eſſentielle eſt détruite ; cette propriété conſiſte en ce qu'une matrice métallique doit être conformée de façon non-seulement à résister elle-même pendant long-tems à la décomposition que causent les exhalaisons minérales, mais encore à défendre le métal qu'elle a reçu au-dedans d'elle-même contre cette décomposition. Ainsi M. Ludwig a eu raison de n'indiquer qu'une espéce de terre métallique, c'est l'ochre. On voit aussi par-là la raison pourquoi l'on ne doit pas s'attendre à trouver ni métaux natifs, ni de riches mines dans les endroits où l'on rencontre des veines, ou fentes remplies de terre ou d'argille. On ne peut guères être sûr du contenu métallique des *drusen* ou crystallisations qui tapissent les cavités des filons, ce qu'on y trouve n'est qu'attaché à la surface de ces crystaux, leur figure & le poli de leurs facettes sont cause que les moufettes & vapeurs minéralisantes y circulent sans beaucoup se heurter, ce qui fait qu'il se dépose peu de métal, aussi n'y trouve-t-on pour l'ordinaire que des pyrites & des mines de plomb; les premieres s'y attachent à l'aide de leur acide vitriolique qui a de la prise sur la terre subtile ; les dernieres ne s'y déposent & ne s'y attachent que par leur pesanteur métallique, & elles se durcissent & prennent de la consistence par la terre dont elles abondent. On trouve cependant des crystallisations avec d'autres espéces de mines, telles sont celles d'Hongrie avec de l'or natif ; celles de Saxe avec de l'argent natif, de la mine d'argent vitreuse, de la mine d'argent rouge, &c. Je suis en état d'en montrer un morceau du Hartz qui est assez chargé de cuivre, d'ochre cuivreuse & de verd de montagne ; ce morceau vient de Strasberg dans le bas Hartz. Mais que dira-t-on des ardoises, dans lesquelles les mines ne sont point toujours répandues visiblement, mais en particules si déliées qu'on chercheroit vainement à les découvrir à l'aide même du microscope. Cela paroît prouver à un certain point que les métaux se combinent souvent avec leurs matrices, lorsqu'elles sont encore molles, & ſe durciſſent enſuite avec elles. En effet, on ſçait que l'ardoiſe dans ſon origine étoit une terre limoneuſe, molle & graſſe au toucher, & la raiſon nous montre que deux ſubſtances analogues ont de la diſpoſition à s'unir; or comme le limon qui eſt la baſe de l'ardoiſe, ſe trouve mou & ſouvent fluide, par la grande quantité d'eau qui lui eſt jointe; on peut concevoir aiſément comment les parties métalliques qui ſont dans les eaux des ſouterreins, peuvent ſe mêler avec ce limon. Mais je ne crois pas que cela ſe faſſe par l'attraction que Swedenborg, d'après le grand Newton, regarde comme l'agent univerſel de la nature. Par ce qui a été dit juſqu'ici nous avons une voie plus courte & plus intelligible d'expliquer ce phénomène; c'eſt en attribuant cette pénétration à l'action & à la réaction continuelle des parties métalliques ſur leurs matrices: en s'entrechoquant fréquemment les unes les autres, elles s'attachent & deviennent plus peſantes, juſqu'à ce qu'enfin la matiere fluide des vapeurs ou des eaux n'étant plus en état de les ſoutenir, eſt forcée de les laiſſer retomber : alors ſi elles rencontrent un corps ſolide auquel elles puiſſent s'accrocher, il faut qu'il leur ſerve de matrice ou de réceptacle, dans lequel elles demeurent juſqu'à ce qu'elles viennent à en être ſéparées. Souvent un accident les porte ailleurs, c'eſt ce qui fait qu'on rencontre quelquefois des cubes détachés de mine de plomb & des petits fragmens de mine. On voit par-là de quelle importance ſont les matrices métalliques pour la conſervation des métaux ; il faut donc qu'elles ſoient diſpoſées à recevoir les particules métalliques qui y ſont portées, & à les défendre contre la décompoſition, juſqu'à ce qu'elles ſoient elles-mêmes en état d'y réſiſter. De-là vient que les mines qui ſont recouvertes d'incruſtations, ne ſont pas ſi ſujettes à être décompoſées. Sur un des morceaux que j'ai décrit plus haut, qui vient de Freyberg, & dans lequel on voit de l'argent natif ſur de la pyrite jaune, il ſe trouve auſſi de l'argent natif recouvert d'une incruſtation blanche, au travers de laquelle il paſſe dés petits filets d'argent. La nature ſemble avoir eu en cela la prévoyance de mettre à couvert contre l'impreſſion des exhalaiſons minérales & la violence des eaux, certaines mines faciles à décompoſer. On trouve encore de la mine d'argent rouge couverte d'incruſtations, ſans parler d'autres obſervations de ce genre qui ſe préſentent journellement. En général, nous remarquons que pour l'ordinaire les métaux & les mines qui s'endommagent aiſément, ſont pourvûs de matrices propres à les garantir, au lieu qu'on trouve ſouvent toutes ſeules les mines qui ſont en état de ſe défendre par elles-mêmes, telles ſont la mine de plomb, la mine d'étain, la mine de fer, &c.

La troiſieme utilité que nous avons dit réſulter des matrices métalliques, eſt la dureté ou la conſiſtence ſolide & compacte qu'elles procurent aux mines & aux métaux. Cela ſe fait en partie parce que les particules métalliques solitaires se répandent de côté & d'autre dans les matrices, où elles acquierent de la dureté ; car tandis que les matrices s'imbibent de l'humidité le métal se séche & se durcit ; ou bien cela s'opere parce que les métaux eux-mêmes se chargent de quelque chose de leurs matrices. C'est ce que l'on remarque dans la mine d'argent vitreuse, qui n'est réellement que de l'argent natif combiné avec du soufre. En effet, nous voyons que le principal ingrédient de cette mine est un métal parfait, puisqu'elle est ductile & s'étend sous le marteau, comme le prouve la médaille faite avec de la mine d'argent vitreuse qui est dans le Cabinet de M. Heller. Mais nous ne pouvons point décider si dans le cas dont il s'agit le soufre vient de la matrice ; souvent il a eté combiné avec les particules métalliques les plus déliées dès les premiers instans de leur formation ; & souvent on voit sur la mine d'argent vitreuse qui se trouve sur la pyrite à demi-décomposée des marques qui rendent la chose très-peu douteuse. On peut dire la même chose de la mine d'argent rouge qui se trouve quelquefois sur de la mine d'antimoine. Cela devient encore plus sensible dans les mines de cuivre qui se forment dans les eaux cémentatoires : en se saisissant d'une terre métallique, ces eaux prennent la dureté & la consistence d'une mine de cuivre; mais lorsqu'elles se saisissent d'un métal sur lequel elles peuvent se précipiter, tel qu'est le fer, elles donnent sur le champ un vrai métal qui est assez connu sous le nom de *Cuivre de cémentation*. La preuve que donne M. Hoffmann dans le § 32 ne s'accorde point avec l'expérience, il prétend qu'on peut durcir & donner de la consistence à l'eau au moyen de l'esprit fumant de Cassius qui a été fait avec 3 onces d'étain pur d'Angleterre, 5 onces de mercure purifié, & une demi-livre de mercure sublimé. On pourroit plutôt citer ici en preuve l'arbre philosophique de fer, qui, suivant Glauber, se fait de la maniere suivante, & réussit pour l'ordinaire quand on s'y prend comme il faut. On prend de la limaille d'acier, qu'on fait dissoudre dans l'eau-forte, qu'on fait ensuite évaporer à siccité; après quoi on prend de tartre une partie & de cailloux préparés deux parties; on triture ces deux substances dans un mortier échauffé afin de les mêler; on les met dans une retorte pour enlever par la distillation toute l'humidité; on laisse tomber en *deliquium* à l'air sur un plateau ce qui est resté dans la retorte; mais il ne faut pas qu'il y ait entierement rougi. On prend alors le saffran de mars dont on a parlé d'abord, on le réduit en morceaux de moyenne grandeur, on le met dans un vaisseau de verre blanc dont le fond soit plat, on verse par-dessus la hauteur de trois doigts de la liqueur, on laisse reposer le tout, & l'on obtient par-là un arbre ou une végétation de fer. Glauber dit qu'on peut faire la même chose avec le cuivre, mais je n'ai point encore pu y réussir. Cette consistence dure que prend un métal dont les parties ont été parfaitement divisées, semble prouver qu'il est possible que les particules métalliques en se saisissant d'une terre subtile se durcissent.

Le quatrieme avantage que procurent les matrices des métaux consiste dans le parti qu'on en tire pour le traitement de ces mêmes métaux. Nous avons déja dit dans plusieurs endroits de cet ouvrage de quelle utilité sont les matrices métalliques dans la fonte des métaux : je vais pourtant exposer en peu de mots jusqu'où peut aller cette utilité. Il y en a qui facilite la fusibilité des métaux, tels sont le quartz, le caillou, la pierre de corne, la pyrite, &c, & parmi les matrices de cette espece il y en a qui couvrent & défendent les métaux contre la violence du feu qui pourroit les détruire, tels sont le quartz, & en général toutes les pierres qui donnent une scorie fine & déliée. D'autres contribuent à purifier les métaux, telles sont la pyrite & la pierre à chaux. D'autres se chargent des métaux, c'est ainsi que le le plomb se charge de l'or & de l'argent dont il est ensuite séparé par la coupelle. Il y en a plusieurs qui servent à précipiter le métal ; le fer produit cet effet dans quelques essais par le plomb. Qui est-ce qui est en état d'observer tous les phénoménes qui se présentent dans les essais & dans la fusion & qui dépendent des différentes combinaisons des mines ? Cela est impossible puisque nous sommes encore fort éloignés d'avoir une connoissance assez parfaite dans la Minéralogie pour connoître toutes les espéces de mines. On ne peut gueres se flatter d'y parvenir quoique tous les jours on découvre des phénoménes nouveaux qui confirment des vérités déja connues, ou qui nous en présentent de nouvelles.

Je crois que le peu qui vient d'être dit sur les métaux & leurs matrices ou minieres sera suffisant ; il seroit peut-être à propos d'entrer actuellement dans le détail des matrices métalliques, & de déterminer avec exactitude celles dans lesquelles un métal se trouve par préférence ; mais il faudroit pour cela copier tous les catalogues de collections de mines, & même après cela on auroit encore un Ouvrage très-incomplet. Je renvoye donc le Lecteur aux Minéralogies déja connues de Wallerius, de M. Woltersdorf & à d'autres Auteurs, mais sur-tout à un examen exact de la Nature ; je me contenterai de donner ici quelques conclusions générales.

1° On voit par tout ce qui précéde que les métaux ont dans leur principe les mêmes parties élémentaires, & que ce qui met de la différence entre-eux vient du plus ou du moins de fixité au feu aussi bien que des proportions qui sont entre ces parties, & même de la maniere dont elles sont combinées entre-elles.

2° Que tous les fossiles & les substances minérales sont propres à devenir des matrices métalliques, soit parce qu'elles ont déja beaucoup des parties élémentaires des métaux, ce qui leur donne de l'analogie avec eux, comme ſont les demi-métaux; ſoit parce que ces ſubſtances ne peuvent leur refuſer l'entrée.

3° L'expérience nous prouve cependant que parmi ces ſubſtances il y en a qui ſont plus propres à devenir des matrices métalliques que d'autres.

4° Il eſt aiſé de voir qu'un métal a de la préférence pour certaine ſubſtance minérale, & s'unit à elle comme à la matrice qui lui convient le mieux.

5° La vapeur qui porte les métaux dans leur matrice ne ſe forme point ſubitement mais peu-à-peu.

6° Cette vapeur ou exhalaiſon s'éleve quelquefois avant que la matrice ſe durciſſe, & quelquefois ce n'eſt qu'après qu'elle s'eſt durcie.

7° Il eſt impoſſible de fixer le nombre des matrices métalliques.

8° Les matrices métalliques ſont d'une néceſſité indiſpenſable pour qu'un métal ſe minéraliſe.

9° Ces matrices ont un grand nombre d'utilités, comme nous avons vu.

10° On ne doit point regarder tout ce qui eſt joint à un métal comme une matrice.

11° Les matrices métalliques ne le ſont point toujours d'un ſeul métal, mais elles ſont propres à en recevoir pluſieurs.

12° Elles n'appartiennent aucunement à l'eſſence du métal qui y eſt contenu.

J'avoue que la matiere eſt ſi étendue qu'il y auroit encore une infinité de choſes à en dire, mais comme elle eſt environnée de ténébres épaiſſes, je me flatte qu'on voudra rendre juſtice à mon travail: *In magnis voluiſſe ſat eſt.* Je recevrai toujours avec reconnoiſſance les Obſervations que l'on voudra bien me faire lorſqu'elles tendront à perfectionner l'Hiſtoire Naturelle.

Fin du Tome ſecond.

TABLE DES MATIERES

Contenues dans le second Volume.

A

B

C

D

G

H

I

K

L

M

P

Q

R

S

V

Z

Fin de la Table des Matieres du Tome second.

FAUTES A CORRIGER.

TOME SECOND.

PAGE 54. *l.* 6. avoir avoir, ôtés l'un de ces mots.
P. 105. *l.* 10. qu'ils exigent, *lis.* ils exigent.
P. 108. *l.* 14. a pénetrent, *lis.* la pénetrent.
P. 117. *l.* 13. cencours, *lis.* concours.
P. 140. *l.* 20. étoitement, *lis.* étroitement.
P. 306. *l.* 1. rouge, *lis.* jaune.

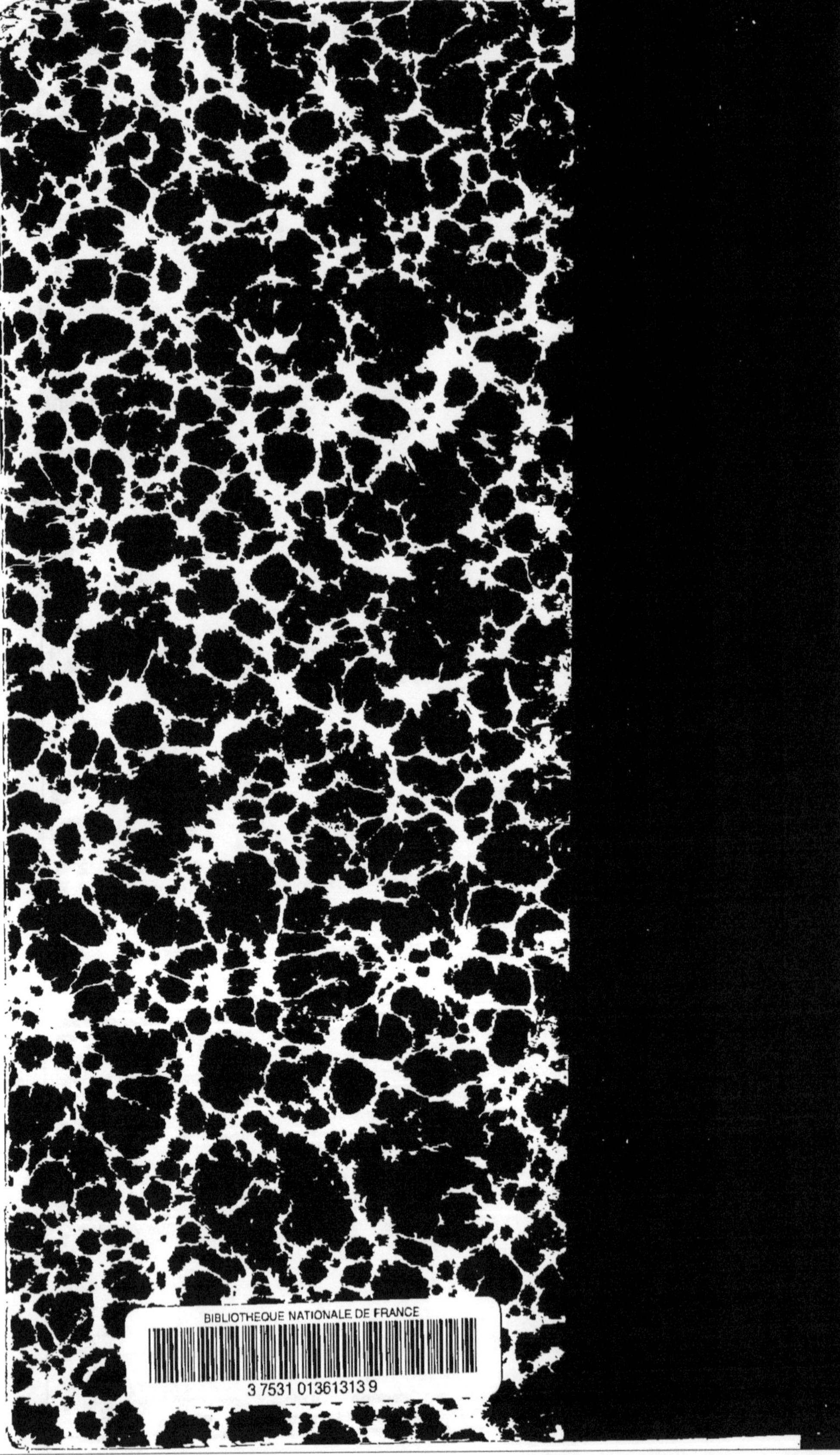

www.ingramcontent.com/pod-product-compliance
Ingram Content Group UK Ltd.
Pitfield, Milton Keynes, MK11 3LW, UK
UKHW012147240726
13966UKWH00001B/178